儿童心理学，让父母更懂孩子

王　瑶◎著

北京燕山出版社

图书在版编目（CIP）数据

儿童心理学，让父母更懂孩子 / 王瑶著 . — 北京：北京燕山出版社，2022.9

ISBN 978-7-5402-6697-4

Ⅰ . ①儿… Ⅱ . ①王… Ⅲ . ①儿童心理学②儿童教育—家庭教育 Ⅳ . ① B844.1 ② G782

中国版本图书馆 CIP 数据核字（2022）第 191512 号

儿童心理学，让父母更懂孩子

著者：王瑶
责任编辑：邓京
封面设计：尚书堂
出版发行：北京燕山出版社有限公司
社址：北京市丰台区东铁匠营苇子坑 138 号
邮编：100079
电话传真：86-10-65240430（总编室）
印刷：北京亚吉飞数码科技有限公司
成品尺寸：165mm × 235mm
字数：164 千字
印张：14.25
版别：2022 年 9 月第 1 版
印次：2022 年 9 月第 1 次印刷
ISBN：978-7-5402-6697-4
定价：56.00 元

前言

为什么有的孩子独立自主，做事积极主动、井井有条，有的孩子却懒惰拖延，不爱学习，喜欢乱放乱丢东西？

为什么有的孩子情绪稳定，有着出众的社交能力和共情能力，有的孩子却喜怒无常，动不动就大发脾气，缺乏耐心？

身为父母，你是否也有过以上困惑？想要掌握儿童的心理状态，了解其行为模式，父母有必要学习儿童心理学的相关知识，正确引导儿童健康成长。

本书旨在破解儿童的心理密码，揭开儿童行为背后的心理诱因。

首先，本书将带你认识孩子的心理、情绪和行为，让你明白每个孩子都是独一无二的存在。其次，本书将指导你如何培养孩子良好的品德，纠正孩子的拖延行为，提高孩子的交际能力，帮助孩子更好地调节情绪，消除孩子的焦虑和恐惧心理。最后，本书将向你展示爱的重要性，让你明白，作为父母，应给予孩子足够的爱和耐心，用心陪伴呵护孩子，让孩子健康茁壮地成长。

本书聚焦儿童的心理健康，为广大父母揭晓儿童种种行为的心理成因，强调用科学的教育方法去培养儿童健全的人格。全书逻辑清晰，结构完整，通过科学讲述、案例分享、提供教学攻略等方式，针对儿童心理成长中每个父母遇到的知识盲点做出具体指导。同时，书中还特设“读懂孩子”和“写给父母”两个板块，更增添了本书的可读性和教育启发性。

身为父母，要为孩子的健康成长保驾护航。本书将带你聆听孩子内心世界的秘密，帮助你正确地参与孩子的成长。阅读本书，相信你一定收获良多。

作者

2022 年 7 月

目 录

第二章

品德：引导孩子做好每一件小事 / 027

第三章

拖延：帮孩子调整做事节奏 / 053

第一章

每个儿童都是独一无二的

儿童是家庭的希望，也是祖国的未来。他们天赋不同、秉性各异，他们有着自己独立的思想，也有着自身的发展特点，可以说，每个孩子都是这个世界上独一无二的存在。为了帮助孩子更好地成长，我们需要走进孩子的内心世界，充分地了解和认识孩子，读懂孩子的内心想法，尊重孩子的独特性，用爱陪伴与呵护孩子。

心理揭秘

每个孩子的心里都有一个专属于自己的“小世界”，你准备好探秘这个“小世界”了吗？不过在此之前，你需要先了解以下几个方面的内容：

◎ 你真的了解孩子吗

◎ 儿童心理发展的规律与影响因素

◎ 儿童性心理

◎ 人格的统一性

◎ 好奇的小脑瓜：在问题中认识世界

你真的了解孩子吗

人的发展是从生命的开始到结束的整个过程中身体和心理的发展变化。人的身心发展具有特殊性，每个人的人生经历、生活环境、主观认识都是不同的。父母想要了解孩子，就要从孩子本身出发，对其所处的环境、成长经历以及内心的真实想法都要有所了解。

关注孩子的变化

很多父母往往对于自己对孩子的“了解”过度自信，想当然地认为自己的孩子就应该是自己所了解的样子。实际上，在孩子的成长过程中，有许多事情可能潜移默化地影响了孩子的性格和心理，父母自认为的“了解”，也许只是停留于表面。

在成长的过程中，孩子会独自经历很多事情，这些事情对孩子的性格和心理产生了一定的影响，使得孩子的性格和心理发生了一些变化。而父母并没有及时发现这些变化，由此导致与孩子之间的心理距离越来越大，也越来越难以理解自己的孩子。

小美是一个8岁的女孩，今年上二年级了，小时候小美很喜欢跳舞，也很喜欢在外人面前展现自己的舞姿，性格活泼外向，邻居们都十分喜欢她。小美的妈妈也一直认为自己的女儿性格外向、喜欢表现，便经常在家庭聚会或者朋友聚会的时候让小美跳舞给大家看。但是，有一次，小美的妈妈又想要女儿在众人面前表演舞蹈，小美却十分不愿意，妈妈十分疑惑，批评小美不懂事，说她长大了反倒不如小时候大方。

其实，小美的变化是有原因的。有一次，小美本来很高兴地想要在同学和老师面前表现自己，但是由于没有系统地学习过舞蹈，小美自创的舞蹈被班里一位从小学习舞蹈的孩子嘲笑了。这件事对小美打击很大，自此以后小美的性格逐渐变得内向，不再爱说话，更不爱表现自己了。

小美的妈妈自认为十分了解女儿，但是她却不了解小美在成长过程中的遭遇。面对女儿的变化，她只是一味地指责，而不关心背后的真实原因，反而会使得小美更加封闭自己。

孩子幼年时期经常与父母一起，父母也会自认为掌握孩子的一切心理和行为变化。但是，随着孩子逐渐接触社会生活，心理和举止都会发生变化。父母要关注到孩子在成长过程中的变化，及时与孩子沟通，了解孩子面临的问题，并帮助其解决问题。这样，父母才能够得到孩子的信任与依赖，真正走进孩子的内心世界。

每个孩子都是独立的个体

孩子的成长是多种因素综合作用的结果。在成长过程中，孩子会受到先天遗传、社会因素以及个体的主观能动性的交互影响。因此，每个孩子的成长轨迹都是唯一的、不可复制的。父母要认识到孩子的独特性，为孩子的成长提供适合的土壤。

父母要理解孩子的兴趣爱好。找到自己的兴趣爱好是孩子的自我认知逐渐成熟的表现，这说明孩子开始有意识地判断自己喜欢的和讨厌的事情，对世界具有了初步的认知。父母应该试着理解孩子的想法，支持孩子做喜欢的事情。孩子在兴趣学习的过程中会逐渐找到自己所擅长的事情，自信心也会随之增加。

每个孩子都是独特的，“别人家的孩子”不能成为父母教育子女的模板。如果父母真正了解孩子，就应该明白孩子的天赋在哪里，喜好是什么，而不是强行将别人的模板套用在自己孩子的身上，每个孩子都是独立的个体，他们拥有不一样的性格特征、爱好兴趣。其实，只要父母花一点时间去观察，就会发现自己的孩子真正喜欢和适合什么。

父母要学会因材施教，根据孩子的性格特点、兴趣爱好来制订独一无二的教育方案。儿童的喜好往往是最直接的，父母只需要观察孩子的行为、感受孩子的情绪，慢慢就会发现孩子的性格特点和兴趣爱好。比如，性格内向、喜欢独处的孩子适合画画、书法等需要静心学习的项目，性格外向、活泼好动的孩子会更喜欢舞蹈类和运动类的项目。让孩子做适合的事情，不仅能够培养孩子的耐心与专注度，也能够让孩子找到自己真正喜欢的事情。

读懂孩子

不与“别人家的孩子”相比较

很多父母会通过比较的方法来激励自己的孩子，试图以“别人家的孩子”为榜样让自己的孩子更加努力，但事实上，这种方法并不利于孩子的心理健康。

长期将孩子与他人做比较会增加孩子的心理压力，甚至会让孩子产生自卑的情绪，认为自己不如其他人。长此以往，孩子会逐渐丧失信心，不敢去挑战有难度的事情。

父母想要激励孩子，可以直接和孩子讲，也可以通过表扬或奖励的方式促使孩子进步，不能一直拿“别人家的孩子”和自己家的孩子做比较。

爱孩子，就要关注孩子的心理和行为

个体发展具有阶段性特点，在不同的年龄阶段有不同的表现。儿童的成长是极为迅速的，随着其所学知识的增多、人生经历的不断丰富，儿童对于社会的认知会发生改变，而这些认知可能会影响到其性格的养成。

比如，一些孩子小时候热情开朗，什么事都和父母说，长大后反而不爱说话了。这时父母就会觉得孩子变了，不再和父母亲近了。其实并非如此，孩子的性格变化是成长过程中的正常现象，父母无须为此担心。但父母需要关注孩子性格变化的原因，只有追根溯源才能真正解决问题。

心怡原本是一个学习成绩优异的好孩子，但是进入新学期以后，老师发现心怡上课频繁走神，考试成绩也出现下滑。老师与心怡交谈之后，发现是因为父母离婚导致心怡出现了心理和行为上的改变。但心怡的父母一直忙于自己的事情，根本没发现孩子的变化。

孩子的变化一般都是有诱因的，父母如果能及时发现并积极干预，就能帮助孩子解决一些成长中的烦恼。父母离婚是心怡产生变化的根本原因，这个诱因本身已经无法改变。但是，如果父母在离婚后依然关心心怡，并不断开导她，那么心怡的心理落差就会缩小，也不会影响正常的生活和学习。正是父母长期的忽视导致了心怡的心理变化，进而影响其学习状态。

父母的关爱是治愈孩子的良药，爱孩子，就要关注孩子的心理和行为变化。

儿童心理发展的规律与影响因素

儿童的心理发展是连续的、不可逆的，随着年龄的增长、心智的成熟，儿童的认知、性格、情感等都会发生变化。儿童的心理在不同的年龄阶段具有不同的特征，这些特征具有普遍性，从而形成了儿童心理发展的一般规律。

儿童心理发展的规律

儿童的心理是随着年龄的增长而发展的，遵循着一定的规律。一般在孩子学会走路之前的这段时间，我们称之为婴儿期。婴儿时期，孩子多会依赖于父母。由于身体的发育尚不完全，因此多通过哭闹来表达情绪。而在孩子学会走路到 3 岁左右这段时间，孩子开始逐渐对世界充满好奇，想要探索事物。

3—6 岁的孩子开始进入幼儿园，逐渐开始接触外界社会。孩子开始了解社会，认识世界。这个时间段，孩子离开父母，独自接触外界，与其他同龄的孩子相处。此时，孩子因为离开熟悉的环境，心理也会变得相对敏感。作为父母，要注意孩子行为和性格的变化，主动询问孩子每天的经历。同时也要对孩子的行为进行约束，引导和帮助孩子融入集体，教会孩子与人相处的基本方法。

6 岁以后，孩子开始进入小学阶段。这是儿童成长过程中十分重要的一个阶段。在这一时期，孩子与外界社会接触的机会越来越多，很容易受到各种因素的影响。小学时期的孩子，情感体验更加丰富，开始形成鲜明的自我个性。父母要关注孩子的感情变化，对其性格发展进行引导，以免孩子的个性过于单一。同时，父母也要注意不能以强硬手段干预孩子的性格养成，这不仅不能解决问题，还会对孩子的心理健康造成不可逆的损伤，使得孩子逐渐疏远父母。

12 岁以后，孩子开始进入初中阶段后，孩子身体和心理都会有明显的变化，孩子开始进入“青春期”，这是儿童心理发展的转折期。由于孩子的身体发育逐渐偏向成年人，心理上也会想要摆脱对父母的依赖。他们开始追求独立，心理上排斥老师和父母的约束，希望拥有自己的空间，渴望树立自己的“成人形象”。在这个时期，父母要学会尊重孩子的想法，理解孩子的行为，用平等的方式与孩子进行沟通。父母要以孩子为主体，探索孩子的心理变化，让孩子感受到父母的尊重和理解。

儿童心理发展的影响因素

儿童的心理发展受多种因素的影响，这些因素可以分为客观因素与主观因素两个方面。

心理是人脑对客观现实的反映，儿童的心理发展离不开现实条件的制约。影响儿童心理发展的客观因素主要包括遗传因素、生理因素、环境因素这三个方面。

从生物角度来看，遗传因素和生理因素是影响孩子心理发展最基本的因素。遗传为儿童的心理发展提供了最基本的自然物质前提，也为其心理发展的特殊性奠定了基础。遗传因素对心理发展的影响是很明显的，父母双方的性格和智力对孩子也有一定的影响。

生理的发展制约着儿童心理的发展。由于儿童生理成熟的时间、速度等存在差异，其心理发展也会出现差异。

社会环境对儿童的心理发展具有重要影响。社会环境主要包括家庭环境和校园环境，这就要求父母重视子女的家庭教育和校园教育。

家庭是儿童生活的主要场所，父母的情绪、态度和行为会对孩子产生很大的影响。学校是儿童接受教育的主要场所，父母要积极与老师沟通，确保孩子的身体和心理健康。

主观因素就是指儿童自身的心理活动，这些心理活动促成了儿童心理的发展。心理的发展具有主观能动性，儿童的自我意识的发展变化会影响到心理的发展。自我意识的发展会受到客观现实的制约，也能够反作用于客观现实。乐观的心理状态能够使儿童积极面对困难，改变现状。

儿童性心理

性心理的形成与发展是每个儿童都会面临的问题。随着身体的发育，性意识和第二性征也会相应地发展起来。父母要正确引导孩子，接纳自己的身体变化，并尊重他人的身体变化。

一般来说，正常儿童在两到三岁左右，就会开始拥有性别的意识。开始知道妈妈是女的，爸爸是男的，也会清楚地意识到自己的性别是什么。随之而来的就是孩子对身体的探索，父母可以通过带孩子观看科普动画片或相关书籍的方法，让孩子认识自己的身体器官，了解不同器官的功能，并学习保护各个身体器官。

随着年龄的增长，一些孩子开始有了明显的性别意识，喜好也逐渐呈现出了性别差异。比如男孩子喜欢小汽车、机械玩具等，而女孩子喜欢毛绒玩具、芭比娃娃等，这些都是孩子开始形成性意识的表现。

随着成长，孩子开始慢慢有了性别角色的认同。简单来说就是孩子开始有了男性应该做什么，女性应该做什么的模糊意识，这种意识大多来源于父母。而孩子在喜好上的性别差异会更加明显，尤其是男孩子，会对女孩子喜欢的东西产生排斥心理。性别上的分离感也会逐渐出现，大多会出现排斥异性的现象。

这种性别上的分离情绪会一直持续到12岁左右。青春期是性心理发展的关键时期，在这一时期，儿童的身体开始出现第二性征的发育，此时应该注意孩子的变化，给予孩子正确的引导和教育，引导孩子理解身体的变化，并学会保护自己，重视自身性健康的发展。

父母应重视孩子的性心理教育，在教育的同时要遵循孩子心理发展的规律。一些父母经常会给孩子灌输男孩应该怎样，女孩应该怎样的观念，希望孩子按照自己的意愿成长。然而有些孩子行为举止的表现并不是传统意义上男性或女性的表现，比如有些男孩子性格腼腆，而有些女孩则大胆调皮，父母可以通过积极引导来调整孩子的行为表现，但不能强行改变孩子的性格。

人格的统一性

人格的统一性，简单来讲，就是指儿童的行为是其整体人格的外在表现，想要理解儿童的行为，就要理解其生活背景和整体人格，不能将儿童的行为变化简单归因为某一阶段的变化。

作为父母，想要了解孩子的心理和行为，就必须关注孩子人格的统一性，了解孩子的日常生活，关注其生活环境，这些都能帮助父母多角度理解孩子。父母不仅要关注孩子的行为、性格改变的时间，更要挖掘这些改变背后的原因。一些父母不愿意去追根溯源，只想通过惩罚等强制手段来纠正孩子的行为，这无法从根本上解决问题。

乐乐的父母由于工作忙，很少带乐乐出去玩，有一次乐乐得了学习进步奖，父母很高兴，就带乐乐去了游乐园。由此乐乐认为，只要成绩好，父母就可以带自己出去玩。于是，乐乐开始努力学习，想要提高成绩。但当乐乐再一次把奖状拿回家时，父母只是夸奖了乐乐，并没有带他去游乐园。乐乐非常难过，觉得考得好也不会有奖励，于是上课没有以前专注了。

老师注意到了乐乐的变化，向父母反映情况。父母回家后与乐乐沟通，询问其为什么不认真听讲，乐乐将原因告诉了父母，父母这才知道原来是自己的问题。于是，父母向乐乐承诺，只要乐乐努力学习，周末一有时间就会带他出去玩。乐乐也向父母保证以后上课会认真听讲。

如果父母因为乐乐上课不认真就批评他，或许可以改变其一时的行为，但乐乐学习的动力就会减弱，只有问清楚原因，才能从根本上解决问题，并使乐乐保持人格的统一性。

好奇的小脑瓜：在问题中认识世界

儿童在成长过程中会遇到各种各样的问题，他们在认识问题、解决问题的过程中锻炼自己的各种能力，其心理发展也逐渐走向成熟。

好奇心的发展

1—2 岁的儿童语言功能尚不完善，但已经有了基本的思维能力，可以理解一些简单的词汇和语句，他们通常会用含糊不清的语言来和父母沟通。父母此时要耐心解答孩子的问题，保护孩子的求知欲。

3—4 岁的时候，儿童的语言功能逐渐完善，具有更强烈的求知欲。这个时候的孩子往往会询问父母很多问题，比如“为什么天会变黑”“为什么会下雨”“为什么树木可以长得这么高”等。对外界的好奇是儿童探索世界的开始，父母可以对孩子进行一些科普教育，满足孩子的好奇心。

孩子到了 6 岁以后，求知的方向已不再停留于简单的日常生活。他们的关注点从家庭日常开始逐渐转移到自然科学上。这时孩子的问题开始变得有深度，有时甚至连父母都很难回答他们的问题。

儿童的好奇心促进了他们想象力的发展，他们所读的书，关注的社会新闻热点，为他们织造了一张想象力的大网，促使他们大胆探索自己感兴趣的领域。

儿童在成长过程中，会遇到很多新鲜事物，这些新鲜事物很容易引起孩子的好奇心，使他们产生相应的疑问。很多伟大的科学家和发明家，也正是在儿时就有着丰富的好奇心，并愿意主动探索事物的答案，才创造了成年后伟大的事业。因此，父母一定要正确地面对孩子的提问，积极鼓励孩子去自己探索问题的答案。

鼓励孩子探索未知

孩子的问题肯定不会像成年人一样有逻辑，往往是看到什么、想到什么就问起什么。这时候，父母一定要耐心回答孩子的问题。

父母要用孩子可以理解的方式回答问题。比如孩子询问“为什么星星只有晚上才会出来”，父母可以说“因为太阳公公下班了，星星要替太阳公公上夜班啊”。等到孩子再长大一些，便可以告诉孩子相关的天文知识。如果父母面对自己也回答不上来的问题，就要诚实地告诉孩子，千万不可以随便编造答案，或者粗暴地拒绝孩子。

父母要让孩子自己探索答案，锻炼其独立思考的能力。父母可以给孩子准备一些科普书籍，如果遇到的问题在书上可以查到，那么父母就鼓励引导孩子自己去查找问题的答案。这样，孩子在得知答案的同时，也能够意识到依靠自己也能够解决问题。

在回答孩子提出的问题时，父母也可以延伸一些孩子可以理解的生活常识。比如，在过马路的时候，孩子看到路口有交警指挥，便询问父母“那个叔叔在做什么”。此时，父母便可以回答孩子，“这是交警叔叔，是专门在这里指挥路上的车辆的”。除此之外，父母还可以告诉孩子，如果在马路上遇到了困难，就可以找交警叔叔帮忙。同时，教给孩子一些安全知识，这种教育方式会比单纯的说教更容易让孩子接受。

教养攻略

孩子的教养主要表现在行为举止上，孩子的行为举止能够反映出孩子的气质与性格。父母想让孩子懂礼貌、知进退，就要注重孩子的日常教育：

◎ 了解儿童的气质与性格

◎ 男孩与女孩大不同

了解儿童的气质与性格

儿童心理发展过程中，气质和性格对于形成健康心理有着不能忽视的作用，甚至对成年后的社会适应能力都有着深远的影响。充分了解儿童的气质特点和性格特征，就能够有针对性地选择合适的教养方式。

儿童的气质特征

儿童的气质是指儿童稳定的、独特的心理特征。一般可分为三种类型：容易型、困难型和迟缓型。这三种气质类型的儿童各有不同的心理特征，但是也不能因此就断定某个孩子属于某种气质类型。儿童的气质类型也会随着年龄的增长、阅历的丰富、社会环境的变化而改变。

★ 容易型儿童

大多数儿童都属于这一类型，这类儿童的生理功能和心理情况一般较为正常，容易适应新环境，也愿意接受新鲜事物，一般情绪和缓，态度积极，与人交流和沟通也相对顺畅。

容易型的孩子心理发展较为规律，面对陌生环境的态度也较为积极。因此，父母可以选择鼓励教育的方式，来帮助孩子适应新环境、接触新的朋友等。

★ 困难型儿童

这一类型的儿童并不多见，他们的生理和心理缺乏规律性的发展。情绪上烦躁易怒，容易哭闹。排斥接触新鲜事物，不愿意与人正常沟通交流。需要很长的时间才能适应新环境、愿意接触外人。

让困难型的孩子接触陌生环境时要循序渐进，不要一下子将孩子带入新环境。对于困难型的孩子，教育是其次，首先应该安抚情绪，可以通过转移其注意力的方法稳定孩子的情绪。

★ 迟缓型儿童

这一类儿童的情绪较为消极，对待事物的反应强度也不大。一般不愿意接触新环境和新事物，但不会像困难型儿童一样剧烈排斥。经过一段时间的磨合后，也会逐渐接受和适应新环境。

迟缓型的孩子需要耐心引导，父母应帮助孩子克服对陌生环境的恐惧心理，引导孩子尽快接受新事物。父母可以先同孩子一起去接触新环境，有父母的陪伴，孩子便没那么恐惧和排斥。

这三种气质是儿童气质中比较突出的类型，但大多数孩子可能混合了其中的两种或三种。因此，父母在教育孩子的时候，应该参考这几种气质类型，选择合适的方式教育孩子。

儿童的性格特点

根据儿童更倾向于外部世界还是内部世界，可将儿童的性格划分为外倾型和内倾型两类。

外倾型的孩子活泼好动，喜欢与他人交际。父母应该支持孩子，有意培养孩子的交际能力。父母应该正确地引导孩子，将其精力放置在合适的地方，可以着重培养孩子的天赋，例如表演、主持等能力。

父母应该理解内倾型孩子的性格特点，不要过于强求孩子对外交际，否则容易给孩子留下强迫的印象。这类孩子也有自己的天赋特长，他们安稳持重，可以注重培养艺术、写作等方向的特长。但这类孩子也容易出现钻牛角尖的情况，因为不善于表达情感，有时遇见问题也不愿意诉说。这时，父母一定要及时与孩子沟通，纾解他们的情绪。

儿童的性格特征从刚出生起就初见端倪，随着年龄的增长，两岁左右就会出现明显的性格差异。父母一般可以从孩子是否善于交际，是否好喜好动，是否愿意独立做事，来判断孩子大致的性格特征。

父母可以根据孩子的日常生活表现，了解孩子的性格特点。掌握孩子的性格特点，有时便可以预测孩子在不同的环境中会有什么样的表现。只有充分了解孩子的性格特点，才能更好地教养孩子。

读懂孩子

孩子的性格没有好坏之分

很多家长会觉得自己的孩子性格过于内向或外向，总是想要人为地改变孩子的性格。实际上，孩子的性格只有不同，而无好坏之分。孩子的性格是复杂多变的，会在成长的过程中逐渐改变。

如果父母强行改变孩子的性格，总是向孩子强调应该怎样、不应该怎样，会让孩子觉得自己的性格是有缺陷的，从而产生自卑心理。

如果父母真的爱孩子，就应该接受孩子最本真的样子，并科学引导，而不是以好坏来区分孩子的性格，或者强行改变孩子的性格。

男孩与女孩大不同

了解男孩和女孩的差异，有助于父母对男孩和女孩采取不同的教育方法。男孩和女孩的差别，不仅停留在生理构造上，在性格、心理发育、生理发育方面都有着很大的不同，对应的教育方式也大不一样。

男孩与女孩的差异

男孩与女孩的差异体现在生理和心理两个方面。

在生理方面，女孩大脑发育更为均衡，在语言和阅读方面的能力更强；女孩的大脑前额叶和枕叶比男孩发育得更快，比男孩更容易克制冲动过激行为。

男孩的大脑发育较女孩慢，更偏向于逻辑和数理方面的能力；男孩大脑中分泌的睾丸素，会刺激其出现过激行为；男孩通常会选择参与体育活动，来释放这种激素压抑的能量。

在心理方面，女孩的心理成熟更早，情绪较为敏感，更愿意通过情感来处理事情；主要依靠感官感受来获取信息，更喜欢安静的活动；女孩的情感发育也比男孩要早，更容易受到情绪的干扰；性格方面，也更倾向于内部环境。

男孩的心理发展和情感发育都较晚，情绪上比较直接，习惯于用理性思维来处理事情；更喜欢户外活动或体育运动；对外界情绪和环境敏感度较低，在性格方面，也更倾向于外部环境。

这些差异只是笼统地概括男孩和女孩之间的区别，但不能一概而论。每个孩子的性格特点和成长环境不同，因此也会有着不一样的生理和心理的变化。

男孩的教育

父母对于男孩的教育要符合其性格特点，从多方面入手，进行全面培养。

男孩的性格相对外向化，很多时候他们想要探索外部世界。这是一件好事，从小愿意接触外界环境的男孩，更加勇敢坚强。父母可以大胆放手，让孩子去了解和体验更多新奇的事物。但在放手的过程中，也要注意分寸，时刻注意孩子的兴趣是否放在正当的领域。

父母应该从小有意识地培养男孩的担当意识。面对一些孩子可以自行处理的问题，应该教会孩子独立去解决，不能总是依赖父母。犯了错误，要勇于承认错误，承担应有的惩罚和代价。

父母在教养男孩的时候，一定要告知孩子要懂得谦让，懂得尊重他人。一个优秀的男孩，一定是懂得礼貌谦逊，而不是对人恶语相向。面对冲突和矛盾，也需要以理服人，而不是拳脚相加。更重要的是，父母一定要教育男孩懂得尊重女性，不能做出令女性感到不适的行为。

女孩的教育

女孩相对男孩情感更加丰富，情绪也会相对敏感。教养女孩，一定要关注女孩的情绪变化。

女孩虽不如男孩在体能上有优势，但是也应该注意培养女孩的体能，对她们进行一些适合的体格训练。父母应该引导女孩走出家门，多去外面的环境中锻炼身体。充足的锻炼能够帮助弥补一些女孩性格方面的弱势。

女孩子爱美是天性，在与人交往和接触社会的过程中，她们也会自觉或不自觉地审视自己身上的不足，就此产生自卑心理。这种自卑心理可能在女孩很小的时候就会出现，从而影响女孩心理的健康发育。因此，父母应该培养女孩正确的审美观，教育她们追求健康、自信和舒适，才是正确的审美方向。

女孩的性格相对安静，情绪也比较敏感，比较在意外部环境对自身的影响。这个时候，父母应该时刻注意孩子的情绪变化。一旦意识到孩子对所处的环境或者身边的事物有排斥心理，就要及时与孩子沟通。在沟通和交流的过程中，也要注意保护女孩脆弱的情感，注意方式和方法。

【写给父母】

每一个孩子都是独一无二的个体，即使是面对同样的一件事，不同的孩子也会有不同的体会。所以，父母不可盲目自信，认为自己十分了解孩子，而要走进孩子的内心，真正了解孩子的心理。

首先，要充分了解孩子的心理发展规律，并据此来了解和引导孩子成长与发展。

其次，要认识孩子的气质与性格，同时认识到男孩与女孩的不同，进而因材施教。

最后，要与孩子沟通和交流，尊重孩子的意愿，理解孩子的心情，尝试与孩子做亲密的朋友。

第二章

品德：引导孩子做好每一件小事

孩子的品德教育与智力开发同样重要，父母要根据孩子的身心发展规律，对孩子进行科学合理的品德教育。需要注意的是，珍贵的教育契机通常隐藏在孩子的日常生活中。父母要善于捕捉生活中的每个细节，及时对孩子进行教育，引导孩子做好每一件小事，将孩子培养成一个责任感强、有毅力有担当，真正对社会有用的人。

心理揭秘

想要培养孩子的良好品德，首先要了解孩子的心理和行为。我们可以从以下几方面入手，了解孩子种种不良行为背后的心理因素，从而更好地引导孩子、教育孩子：

◎ 说谎就是坏孩子吗

◎ 孩子为什么会“偷东西”

◎ 经常乱放乱丢东西

◎ 不愿做家务

说谎就是坏孩子吗

很多父母从小就教育孩子要诚实守信，但在孩子成长过程中，父母们却发现自己的孩子不知从何时开始学会了说谎，这让他们十分诧异和难过。面对孩子说谎的行为，父母首先要稳定情绪，理智应对，并采取科学方法帮助孩子改正这种不良习惯。

孩子为什么会说谎

孩子天生是不会说谎的，但在成长的过程中，受各种因素的影响，导致他们出现了说谎的行为。这时候，父母不应该急着惩罚孩子，而是要弄清楚孩子出现说谎行为的原因。孩子的说谎行为可能和以下因素有关。

其一，孩子说谎很大一部分原因是为了取悦父母、长辈。

大多数孩子都是天真单纯的，他们最渴望得到的是父母或者长辈的关注。父母可以回想一下，是否只有孩子表现良好时，比如获得了优秀的成绩，自己才会高兴地表扬孩子，而在孩子做错事情的时候却严厉批评甚至惩罚孩子。很多孩子会因为这种极端的对待而产生心理落差，甚至选择说谎，只为了能够得到父母的表扬。

其二，有一部分孩子的说谎行为是模仿大人得来的。

有些父母或者长辈认为，孩子年龄小，跟他们说话不必那么认真，答应孩子的事情也不放在心上。久而久之，受到不真诚对待的孩子也开始学会了撒谎。

孩子对于外部世界的认知大多都是来源于成年人，父母或者其他长辈对于孩子而言就是权威，是模仿的对象。父母就是孩子的老师，如果父母都习惯于撒谎或不守信，那么孩子也会照猫画虎，跟着模仿。

孩子说谎不代表就是坏孩子，父母千万不要轻易给孩子乱贴标签，这很容易伤害孩子的自尊心，只要采取正确的教育方式，孩子慢慢地就能改掉撒谎的坏习惯。

发现孩子说谎，父母这样做

每位父母都不希望孩子养成撒谎的习惯，但孩子从有了独立行为开始，就可能会出现说谎的行为，父母需要做的就是要帮助孩子纠正说谎的行为，具体可参考以下建议：

其一，当父母发现孩子有说谎的行为时，一定要趁早制止。

一旦孩子尝到说谎的“甜头”，就可能会继续下去，所以无论孩子多大，父母一定不能掉以轻心。不能认为孩子还小，偶尔说一次谎话不要紧。如果父母对孩子的谎言不以为意，那么以后孩子很可能会养成说谎的习惯。

其二，正确对待孩子的各种表现。

孩子说谎可能是为了取悦父母，得到父母的表扬。父母想要纠正孩子的这种想法，首先要改变对待孩子的态度。如果孩子闯了祸，父母首先要做的不是惩罚，应该要教会孩子如何处理这些错失。告诉孩子犯了错误不能躲避，要勇敢承担。如果孩子考得不好，父母也不要不分原因就教训孩子，要冷静地帮助孩子分析考差的原因。父母对待孩子的各种表现，不要过于极端，要引导孩子担当责任，诚实守信。

其三，父母要重视对孩子的言传身教，做好孩子的榜样。

孩子处理问题的方式，一般都是来源于父母的言传身教。父母是孩子的启蒙老师，如果父母都不守承诺，撒谎骗人，孩子也不会真诚待人。即便发现孩子撒谎，这样的父母也无法说服孩子学会诚实。因此，为了能够更好地引导孩子养成诚实的品德，父母首先要严于律己，诚实守信，重视承诺。

孩子为什么会“偷东西”

发现孩子“偷东西”时，父母往往会感到震惊、愤怒，不理解孩子为什么会做出如此不体面的事。其实，孩子“偷东西”不一定就是道德败坏，父母气愤之余，还要追根溯源，找出这种行为背后的原因，并采取科学的教育方法帮助孩子远离这种不良习惯。

孩子“偷窃”行为背后的原因

面对孩子“偷东西”的行为，父母首先要找出孩子出现这种不良行为的原因，并反思是否家庭教育出现了问题。孩子“偷东西”，可能与以下原因有关。

其一，大多数孩子在年龄很小的时候，对于物品的归属没有概念。很多孩子从小备受宠爱，自己想要的东西总是可以得到，因此他们便理所应当地认为所有自己喜欢的东西都是自己的。有些父母会发现，孩子上了幼儿园以后，会把幼儿园的东西带回自己家中。其实这个时候的孩子，并没有“偷东西”的概念，他们并不认为这是一种偷东西的行为，只是单纯地想要这样东西归自己所有。

其二，同龄孩子之间容易产生攀比心，刺激行为变化。

有的孩子有了好的东西，便会向其他的孩子炫耀，有些孩子因此便产生了嫉妒和攀比的心理，如果拥有“好东西”的愿望难以实现，就有可能产生“偷窃”行为。当孩子的行为出现偏差时，父母对此视而不见、疏于教育，就会令孩子越走越偏，影响孩子的长远发展。

帮助孩子远离“偷窃”行为

面对孩子的“偷窃”行为，父母要对症解决问题，具体可参考以下建议。

其一，父母要陪孩子一起，先解决当前的问题。

面对孩子的“偷窃”行为，父母首先要与孩子耐心沟通，倾听孩子真实的心声，再根据具体情况采取不同的教育方式。

如果孩子是偷拿了同学的东西，先陪孩子一起还回去，并诚恳地和同学道歉。如果孩子是偷拿了商店里的玩具和零食，就陪孩子一起去付钱，并承认错误。在这一过程中，父母要注意保护孩子的自尊心，等处理好当下的问题后，再对孩子进行严厉的批评教育，让孩子明白自己的行为错在哪里、应该如何去改正错误。

其二，父母要从小培养孩子的物权意识。

年幼的孩子可能并不理解每样东西是如何得来的，他们只知道自己喜欢的东西就应该是属于自己的。父母在日常生活中，应该注意教育孩子明白，每样东西都有它的“主人”，在获得这样东西之前应该征得主人的同意，不能擅自拿取。也要让孩子明白，就算是自己的东西，也要学会与他人分享，不能总是以自我为中心。

其三，父母要纠正孩子的攀比心理。

父母要重视孩子不正常的攀比行为，及时予以引导和教育，帮助孩子树立正确的价值观。

读懂孩子

孩子偷东西，可能是为了引起父母的关注

有些孩子因为长期缺乏父母的关爱，父母对孩子疏于照顾和管教，孩子便通过犯错误来引起父母对自己的关注。实际上，这些孩子不缺物质，但是仍然选择盗窃他人的东西，无非就是希望父母能够给予自己除了物质以外的关心和爱护。

父母应该多注意孩子身上发生的变化，不能只将注意力放在自己的工作上而疏于对孩子的关爱，只是一味地在经济上给予支持，不能让孩子感受到父母的关心。只有父母多多陪伴孩子，正确地教育孩子，孩子才能真正改掉坏习惯。

经常乱放乱丢东西

很多孩子对于东西的摆放都没有规划，物品总是东一件西一件地乱丢乱放，这看起来不是什么大事，却可能影响孩子以后的生活习惯，不利于孩子的成长。父母要引导孩子改掉坏习惯，有序管理自己的物品。

孩子为什么经常乱丢东西，不愿收拾

孩子乱丢、乱放东西往往与家庭教育有关，父母要寻找原因，并有针对性地去引导孩子，帮助孩子养成良好习惯。

其一，孩子缺乏“物品归位”的意识，父母也不注意引导。

孩子对于东西的管理和摆放全然来自父母的指导，他们起初并不知道这些东西是哪里来的，又应该放在哪里。如果父母对此不加以引导，那么这些孩子也就不能养成归纳整理的习惯。我们经常会看到，有些孩子的书包里、桌面上的东西凌乱不堪，要他们找本书都找不到。父母对此也不闻不问，认为这只是小事，孩子长大了就会整理了。殊不知，儿时没有养成好的习惯，父母对此放任自流，长大后更不容易纠正这种不良习惯。

其二，父母包办孩子的一切，总是替孩子收拾。

有些父母疏于管束，有些父母则“管得太宽”。这类父母对孩子事事代劳，根本不让孩子独立管理自己的东西。久而久之，孩子开始学会依赖父母，所有的事情，甚至自己的东西都要询问父母。

很多孩子一回到家，书包乱丢，衣服乱放。父母看到这些，就开始帮着整理。时间一长，孩子心理上无法建立起有序规整东西的概念，而且根本不需要自己动手整理，自然无法培养自己的好习惯。“管得太宽”对于孩子的成长是没有一点好处的，事事代劳，却从来不教育孩子如何独立管理物品，只会对孩子的成长造成不好的影响。

找对方法，让孩子学会整理

如果发现自己的孩子喜欢乱扔乱放东西，也别过分担心，只要找对方法，就能让孩子学会整理。具体可参考以下建议。

其一，给孩子创造一个整洁有序的家庭环境。

生活在脏乱无序的环境里，孩子会认为乱扔、乱放东西是很正常的事，久而久之，坏习惯就养成了。而整洁的环境却在无形中教育孩子要做一个勤快、爱干净的人。

其二，培养孩子物品归位的意识。

父母应该从孩子小的时候就有意识地引导孩子学会怎样整理自己的东西，培养孩子物品归位的意识，比如幼时在玩玩具的时候，有些父母就将孩子的玩具往地上一堆，孩子想要什么便自己去拿，玩完了就往地上一扔。这会让孩子形成乱丢东西也没关系的意识，不利于日后的教育。父母可以在孩子玩完玩具以后，陪同、引导他们将玩具归纳在一处，并教育孩子，“只有把这些东西都归纳整齐，你下次再想要玩的时候才能找到”。

其三，对于孩子的东西，不应该插手太多。

比如孩子放学回家，书包乱丢，作业找不到，想要求助父母，这个时候父母要做的不是直接给孩子找到，而是要告诉他们，“这是你的东西，我并不知道你的东西放在哪里，如果你找不到，只能自己想办法”。父母适当地放手，会让孩子明白乱丢东西的代价，会让孩子长记性，也让他们明白要懂得承担相应的责任。

不愿做家务

生活中，我们会发现有些孩子不喜欢做家务，父母也不重视这个问题，认为家务劳动大人做就可以了，孩子不用做。其实，鼓励孩子做家务是在培养孩子勤劳自主的好习惯。从小就缺乏家务劳动的孩子，很容易产生懒惰心理，不利于孩子健康成长。

孩子为什么不愿意做家务

孩子不喜欢做家务，具体而言，其背后的原因可能有以下几点。

其一，孩子缺乏劳动的概念。

孩子在幼时并不知道劳动是什么，但是他们十分喜欢模仿大人的动作。这个时候，如果父母在做家务劳动，他们就会模仿大人的行为，或者对大人提出各种疑问。面对孩子的疑问，如果这时候父母表现得十分不耐烦，就失去了培养孩子正确的劳动观念的机会。

其二，父母不重视孩子的劳动成果。

很多孩子小时候很喜欢模仿父母做家务的行为，也希望能帮助父母做家务，但是有些父母却不重视孩子的劳动成果。比如孩子帮助父母做事，父母却嫌孩子是在帮倒忙。不光不给予表扬，还会支开孩子。久而久之，孩子便也失去了做家务的兴趣，认为自己的劳动只是在给父母添乱，自尊心和积极性都大受打击。

孩子一开始帮助父母做家务的行为，一方面是好奇，一方面也是希望父母能给予自己表扬和关注。如果孩子做了家务，却受到批评，那么他们很快就会丧失这种积极性，失去了做家务的信心和耐心。

鼓励孩子积极地做家务

在做家务的过程中，孩子会变得更有自信、更有家庭责任感，所以父母要鼓励孩子积极地做家务，具体可参考如下建议。

其一，培养孩子的劳动意识。

让孩子做一些力所能及的家务活，哪怕孩子还小，也要培养孩子劳动的概念，让他们从小就有这个意识。比如引导孩子主动去收拾自己的玩具，将自己的脏衣服丢在洗衣机里等，通过日常生活中的点点滴滴进行引导教育，帮助孩子形成良好的生活习惯。

其二，孩子劳动之后要给予鼓励。

哪怕孩子的家务活做得没有那么好，父母也要及时鼓励孩子，给予孩子更多的成就感。比如，如果孩子做的家务活还有瑕疵，父母可以说：“你做得真棒，你是个勤劳的好孩子啊。但是，这里可能还有地方没有看到哦，我和你一起清理掉它们好吗？”这样的说话方式，在提高孩子劳动积极性的同时，还能身体力行地教会孩子注意细节。

其三，增强家务活的趣味性。

在让孩子做家务时，可以采取比赛的方式，激起孩子的好胜心，在孩子完成家务活后，给予孩子一定的精神激励，让孩子获得更多的做家务的动力。

读懂孩子

溺爱往往会培养出懒惰的孩子

很多孩子在家里什么活都不干，到了学校连最基本的值日也都不愿意去做。甚至有些孩子离开父母住校了以后，连叠被子、铺床单这种小事都做不好。

这些孩子的懒惰很大程度上是父母的溺爱导致的，有些父母认为家务活又脏又累，就不愿意自己的孩子插手。就算孩子想要帮助父母做一些力所能及的事情，父母也怕孩子累着，还怕家务劳动会影响孩子的学习，就不愿意孩子参与家务劳动。父母对孩子的过度宠溺和娇纵，会养成孩子懒惰、不爱劳动的性格。有些父母认为孩子小的时候不做，长大了再做也可以。其实，孩子小时候不养成勤劳自主的习惯，长大了之后懒惰成性，更不会愿意劳动了。

教养攻略

父母要采取正确合理的教育方式，才能培养出具有良好品德的孩子。父母可以参考以下几点，帮助孩子养成良好的习惯和美好的品德：

◎ 自己的事情自己做

◎ 父母是孩子最好的老师

◎ 21 天效应，好习惯的养成

◎ 鼓励孩子完成一个小目标

自己的事情自己做

随着家庭条件的提升，很多父母和长辈不仅在物质上溺爱孩子，在一些简单的日常行为上也十分娇纵孩子。这些家长总认为孩子还小，很多事情不会做也正常，认为只要孩子高兴或者只要孩子成绩好就行，每件事情都帮孩子去做，导致很多孩子缺乏独立自理的能力。甚至很多孩子到了一定的年龄，连穿衣服、自己吃饭这些小事都做不好。

放手让孩子自己去做

很多时候孩子可能已经开始有了独立的意识，但父母却因为过度紧张而大惊小怪，不给孩子动手的机会。有些父母觉得放手让孩子做，可能会越做越差，反倒给自己添麻烦，还不如自己去做，因此便大包大揽地包办了孩子的生活。正因为父母的这些行为，造成了孩子独立性越来越差。

父母想要孩子学会自理，首先就要放手让孩子自己尝试着去做自己力所能及的事情。比如可以分配一些简单的事情给孩子自己完成，可以指导孩子自己穿衣、洗漱，自己的碗筷自己清洗，自己的书本自己管理。根据孩子的年龄和能力，逐步给孩子增加任务量。让他们意识到，自己的东西应该自己保管，自己的事情应该自己处理。

小轩是个十分聪明伶俐的孩子，在幼儿园学习东西也特别快，老师也很喜欢小轩。但是，自从今年升入中班开始，小轩的班主任张老师多次向小轩的妈妈反映，小轩存在做事拖沓、自理能力较差的情况。张老师说，进入中班以后，班级里开始重点关注小朋友们的自我管理能力发展。小轩虽然学东西又快又好，但是他自理能力很差，甚至不会自己吃饭，自己接水。老师放开自我管理以后，小轩做事总是慢别人一拍。别人都已经穿好衣服，坐在座位上准备上课了，他还没有穿好衣服。

其实，小轩的自理能力差的最大原因，就是小轩的妈妈溺爱小轩，不愿意放手让小轩自己去做。在家里，小轩的妈妈怕小轩吃饭烫到，就一直喂小轩吃饭；怕小轩穿衣服太慢，就一直帮小轩穿衣。久而久之，小轩习惯了什么都依赖妈妈，自己也就什么都不会做了。

实际上，孩子到了一定的年龄，很多事情都是可以开始尝试去做的，即使一开始做不好，父母应该做的是帮助孩子、指导孩子，而不是事事代劳。

培养孩子的自我规划能力

有些父母觉得孩子做事没有规划，会影响到做事的进度，索性自己处理，不让孩子动手去做。比如嫌孩子穿衣服花的时间过长，会耽误上学的时间，干脆帮孩子穿衣服。但时间一长，这种帮助就会造成孩子的依赖心理，遇到事情孩子可能直接就放着不管，让父母去帮自己处理。

孩子一开始并没有时间的概念，也不了解事情的轻重缓急。这个时候，父母就要耐心引导，告知孩子对于需要做的事情要按照重要程度去排序，也要培养孩子的时间意识和自我规划能力。如果孩子真的因为磨磨蹭蹭而迟到，就不如索性让他们迟到一次，要让他们明白因为自己没有提前规划好时间，就会导致迟到从而付出相应的代价。

多鼓励少指责

孩子在一开始做事的时候，肯定是笨手笨脚的。有些父母一看到孩子做事太慢，或者做得不好，就忍不住一直催促，甚至指责。这就会导致孩子失去自己做事情的信心，慢慢地，他们为了避免被大人骂，可能直接就放弃自己尝试了。

对于孩子一开始的尝试，父母不应该只是在旁边催促责备，而是要耐心地教会孩子怎样去做事。多鼓励孩子，少去指责孩子。一开始，父母可以陪着孩子一起去做，在旁边进行指导，告诉孩子怎样做效率更高。对于孩子做对的地方，要及时给予表扬和鼓励。对于孩子做错的地方，也不要暴跳如雷，而是要耐心指导孩子正确的做法。

父母是孩子最好的老师

父母对孩子的影响，往往比老师更加重要。父母是孩子的启蒙老师，家庭则是孩子最初的教育环境。一个和谐的家庭，一对品德优良的父母，才是孩子最好的老师。为人父母，最重要的是要以身作则，才能教育出优秀的孩子。

营造和谐的家庭环境

家庭氛围对于孩子的教育是至关重要的，很多优秀成功的孩子，背后都少不了一个和谐的原生家庭。美好积极的家庭气氛，对于培养孩子优良的品德起着很大的促进作用，这种作用是简单的说教无法达到的。

营造一个良好的家庭环境，父母的行为十分重要。有些父母遇事急躁，甚至习惯于用武力解决问题，家庭气氛紧张，孩子便无法学会如何正确地处理问题，与他人产生纠纷时，也只会暴力解决。父母想要孩子喜欢读书，热爱学习，单纯粗暴的说教只能让孩子更加反感。但是，如果父母都愿意陪伴孩子一起学习，在孩子学习时，父母也愿意一同读书写字，这样的学习氛围也自然会感染孩子。

父母应该努力为孩子营造一个和谐的家庭氛围，家庭环境和睦宽松，才能培养孩子开朗活泼、勇于担当的性格。父母与子女之间彼此关爱、相互关怀，孩子才能形成健康的心理状态，才会学会如何正确地处理问题。

净化家庭的语言环境

有些父母发现自己的孩子总是脏字连篇，不善于与人沟通。其实，孩子的这种行为多半是模仿大人而来的。有些父母无论对人对事，总是脱口就是脏话。甚至父母彼此之间吵架也是出口成“脏”，对孩子也是满口的脏话谩骂。在这样的语言环境下成长的孩子，也必然会染上这样的恶习。

孩子从幼年开始，就习惯于以自己的父母为权威。他们喜欢模仿父母的一言一行，也认为父母说的话就是正确的。因此，父母的言行对孩子影响巨大。温文尔雅、礼貌有加的父母，才能教育出懂得尊重他人，彬彬有礼的孩子。

以身作则，言传身教

父母的一言一行，对于子女的影响会持续一生。父母的言行举止，无时无刻不在影响着自己的子女。父母应该随时检点自己的行为，要意识到自己的行为会给孩子带来怎样的影响，一定要记住言传身教的意义。

父母还要注意，自己一定要言行一致，不能给孩子说一套，自己又做另外一套。有些父母，教育孩子要诚实守信，结果自己犯了错误，却不敢承担责任，只想着撒谎逃避。如此言行不一，孩子自然难以信服。古人云："其身正，不令而行；其身不正，虽令不从。"父母作为孩子的老师，一定要随时随地规正自己，否则再多的说教也难以让孩子接受。

21 天效应，好习惯的养成

很多父母不知道该如何帮助孩子改正坏习惯、培养好习惯，其实，只要合理运用 21 天效应，就能潜移默化地增强孩子的耐心和毅力，帮助孩子养成良好的行为习惯。

什么是 21 天效应

21 天效应，是行为心理学中的一种现象，指的是一个人如果能将一种行为或者想法重复 21 天，就能形成一种习惯性的动作或者想法。

孩子可塑性强，是品德教育、习惯养成的最关键的时期，想要培养孩子良好的行为习惯，首先要培养的是孩子的耐心。而父母只要科学合理地运用 21 天效应法，就能让孩子变得越来越有耐心和毅力，从而循序渐进地引导孩子摆脱坏习惯的困扰，养成更多好习惯。

如何运用21天效应培养孩子的好习惯

新习惯的养成并非一蹴而就的，父母可根据21天效应的原理，分阶段让孩子养成好的行为习惯。

第一阶段（1—7天）：这一阶段，孩子可能会对父母的要求十分抗拒，意识不到自身坏习惯的危害，也不愿意按照父母的指示去改变自己。父母要引导孩子正视自身的问题，让孩子主动去约束自己的行为。

第二阶段（7—21天）：在这一阶段，孩子正在告别过往的坏习惯，逐渐养成新习惯。如果孩子表现良好，父母也不能掉以轻心，在鼓励孩子再接再厉的同时，提醒孩子加强对自我的约束力。

第三阶段（21天以后）：度过了这艰难的21天后，孩子的新习惯已经基本定型了，但父母也要警惕孩子会受到外界影响，重回坏习惯的“怀抱”。父母需和孩子一起努力，时刻保持警惕，避免坏习惯的诱惑。

不得不强调的是，在培养孩子养成好习惯的过程中，父母应该陪伴孩子一同完成。很多时候，如果仅要求孩子独自一人完成，孩子的积极性很难被调动起来。如果这时父母愿意加入，和孩子一同完成，孩子在感受到父母关注的同时，积极性也会大大提升，更加愿意坚持做下去。和孩子一起养成更多的好习惯，对于父母也是一种成长。父母随时的关注也会加深与孩子之间的情感连接，对于孩子而言，感受到父母的陪伴，对他们也是一种鼓励。

鼓励孩子完成一个小目标

无论是在学习还是生活方面，父母都希望自己的孩子能够发展得很好，获得良好的表现。但是，不是每一个孩子都能门门功课优秀，也不是每个孩子都能样样事情获得他人的赞扬。每个孩子的起点不同，不同的孩子应该有不同的目标。而如何帮助孩子设定目标，并教会孩子完成目标，克服其中的困难，就需要父母的鼓励和引导。

帮助孩子设立目标

每个孩子的基础不同，所以设立的目标也不一样。如果一个孩子数学每次只能考 60 分，偏偏给他设定下一次考 100 分的目标，这显然不合适，也不可能完成。有些孩子给自己设定的目标也不着边际，比如每天跑步 5000 米，这种目标对于一个孩子而言根本不可能完成。这时父母就应该及时给予纠正，因为孩子是很难量化自己的目标，他们并不能真正理解哪些目标能够完成哪些完不成。一个可以完成的小目标，可以给孩子增加信心。而一个完不成的目标，只会给孩子浇冷水，慢慢地他们更加不愿意为完成目标而努力了。

设定的目标除了要适合孩子，还要设定期限。不能说一个考及格的小目标设定一年完成，这期间孩子滋生惰性，更加不想行动了。父母可以先把大的目标拆分成一个个小目标，比如每天多背几个单词、多学几个生字，一个月下来，就能掌握不少词汇量了。这样循序渐进地进行，孩子能够很明显地看到自己的成绩在提升，自信心倍增，才能更好地坚持下去。

和孩子一起战胜困难

在完成目标的过程中，孩子一定会遇到很多困难。可能会发现自己停滞不前，难以完成小目标，从而信心大受打击。这时，父母要鼓励孩子学会克服眼前的困难，告诉孩子，想要获得提升，取得进步，就一定要迈过眼前这些阻碍，而父母将一直陪伴在他们身边。

在孩子想要半途而废的时候，父母应该及时制止他们，让孩子知道，既然设定了目标，在没有完成之前，就不能退缩，因为做事情要有始有终，只有坚持不懈地去做，才能完成自己制订的目标。

【写给父母】

每一件小事对于孩子来讲，都是成长过程中的“大事”。孩子的性格和为人处世方式的形成，往往都与这些日积月累的小事有关。

孩子幼年时期，坦率可爱。一切对于他们而言都是未知的，他们只会凭着自己的本能去做事。而在成长的过程中，父母就是他们最好的老师。父母的言行举止，就是孩子模仿的对象。他们通过父母，了解和认识这个世界，慢慢学会了很多事情。

父母在孩子的成长过程中，要时刻注意自己的行为和语言对孩子的影响。父母的一举一动，一言一行，都可能给孩子造成很大的影响，他们的性格、心理也可能因此而发生改变。

父母也要懂得尊重孩子，要重视与孩子之间的承诺，以身作则，才能更好地培养孩子诚实守信的品德。

第三章

拖延：帮孩子调整做事节奏

有一句话，很多父母都可能说过：“你能不能别磨蹭了！”孩子做事不紧不慢，吃饭要拖，穿衣服要拖，写作业也要拖……不管父母急成什么样，孩子都不在意，只是按照自己的节奏去做事。很多父母都被孩子的这种“慢性子”折磨得头痛不已。儿童时期是孩子性格发展、习惯养成的关键时期，所以父母要找到导致孩子拖延的根源，对症下药，帮助孩子改掉做事拖延的不良习惯，调整做事节奏。

心理揭秘

拖延几乎存在于每个孩子的身上，而引发孩子做事拖延的因素也有很多，比如心理上的胆怯、外界环境的影响等。父母若想帮助孩子摆脱拖延，首先要明确孩子的哪些行为是拖延的具体表现：

◎ 做事情“慢半拍”

◎ 赖床、晚睡

◎ 一边做事情一边玩

◎ 没有时间观念：“写不完的作业”

做事情“慢半拍”

一些急性子的父母见到自己的孩子做事磨蹭，比别人慢半拍，总是既担心又生气，有时候还会恨铁不成钢地责骂孩子，这种教育方式是不可取的。父母只有通过科学的教育、正确的引导，帮助孩子调整他们的做事方式，才能让孩子“快”起来。

孩子为什么做事情总是“慢半拍”

孩子做事“慢半拍”，可能是性格使然，也可能是缺乏时间观念、过于依赖大人等因素导致的。只有正确认识孩子的“慢”，才能帮助孩子调整做事的节奏，父母可以从以下几个角度出发，找到孩子做事拖延的根本原因。

其一，缺乏时间观念。

花半个小时穿衣，花一个小时吃饭……孩子在日常生活中的种种拖延行为很可能与孩子缺乏时间观念、做事没条理、缺乏计划性、注意力不集中等因素有关。

一个缺乏时间观念的孩子，不会在意做一件事情要花半个小时还是一天。在他看来，不管花费多少时间，只要得到的结果是一样的就行。比如写作业时，他觉得不用着急，今晚能完成就可以；吃饭时他认为不需要吃太快，碗里的饭吃完就行。会这样想的孩子，一般时间感都比较差，通常做事也没有计划、缺乏条理性。

其二，过分依赖父母。

对父母的过分依赖，也会让孩子在做事情时变得散漫。而父母因为不放心，在孩子做事时过多干涉，或者直接代为执行，都可能导致孩子形成拖延的行事作风。比如有些父母嫌孩子系鞋带太慢，每次都自己动手帮孩子系鞋带；担心孩子完不成老师布置的课外任务，干脆替孩子完成。这些做法除了会打击孩子做事的积极性外，还会削弱孩子的自理能力，久而久之，他们也就习惯了事事依赖父母。

其三，受到父母的影响。

孩子会下意识模仿身边的人说话与做事的行为方式。通常情况下，父母的行为表现会直接成为孩子的行动指标。如果父母平时出门就不紧不慢，孩子也就不会着急。所以，如果孩子在一个行事怠惰散漫、不注意约束自己行为的父母身边成长，多半也会变得懒散、拖拉。

帮助孩子调整做事节奏，“变慢为快”

父母了解孩子做事慢半拍的原因后，才能“对症下药”，帮助孩子“变慢为快”。那么，如何帮助孩子调整做事节奏呢？具体可参考以下建议。

其一，父母要舍得放手，不对孩子的事大包大揽。父母可从一些生活小事入手，比如鼓励孩子自己穿衣服、系鞋带、做家务等，培养孩子独立自主的能力。而在孩子做事的过程中，无论孩子做得多慢都不要着急，平缓心态，耐心鼓励孩子，运用亲身示范、拆解动作等方式帮助孩子熟练动作、加快速度。当孩子有了明显的进步后，父母也要及时表扬孩子，满足孩子的成就感。

其二，父母应该着重培养孩子的时间观念，告诉孩子要合理安排时间。父母也可以和孩子一起动手制作一张时间表，明确规定写作业、吃饭、玩游戏、睡觉的时间，这样孩子做事的效率会大大提升。

其三，父母要以身作则，养成良好的生活习惯和做事节奏，用自己的“快”带动孩子的“快”，而不是让孩子和自己去比谁更慢。

读懂孩子

孩子总是拖拖拉拉，可能是在借此发泄情绪

有些父母会主动为孩子设定目标，并且强制要求孩子去完成。他们习惯催促孩子做事，殊不知这种态度往往会让孩子感到压抑、恐慌，甚至产生抵触情绪与逆反心理。在这种情况下，拖

延就成了孩子解决问题和发泄压抑情绪的办法。比如，明明作业很简单，却偏偏拖着不去写，明明十分钟就能做完的事一定要拖到半小时后还没完成，他们不仅是在表达自己的感受，也是在寻找自己做主的机会。

这种情况下，父母不要一味责骂、催促孩子，不妨适当放手，让孩子自己去规划时间，独立完成学习。给予孩子一定的自主权后，反而能有效提高孩子做事的效率。

赖床、晚睡

除了做事散漫，孩子的拖延还体现在赖床、晚睡上。这也是最让父母头疼的事情之一。父母要走进孩子的内心世界，了解孩子喜欢赖床、晚睡的原因，帮助孩子纠正这些不良生活习惯，从而更加健康茁壮地成长。

孩子总是赖床、晚睡的原因

孩子总是赖床、晚睡，可能与睡觉时间不规律、父母的纵容、早睡早起的意识差等因素有关。父母应该先分析了解孩子赖床、晚睡的原因，然后再着手帮助孩子养成早睡早起的好习惯。

其一，睡觉时间不规律。

一般在上学期间，父母对孩子会有一定的时间约束，比如要求孩子晚上九点睡觉，早上七点起床。但一进入寒暑假，父母对孩子的要求就会有所降低，孩子也会开始变得松懈。比如孩子想晚睡一个小时，父母觉得反正也不需要早起上学，便允许孩子晚睡。而晚睡就会导致孩子早上出现赖床的现象。这时候，父母又认为，反正不需要上学，多睡一会儿就多睡一会儿，于是也没有叫醒孩子。可能正是父母这种纵容的行为，使孩子慢慢养成了晚上不睡、早上不起的习惯。久而久之，就会造成一种赖床、晚睡的恶性循环。这不仅会打乱孩子做其他事情的节奏，也会让孩子慢慢养成拖拉的习性。

其二，缺乏早睡早起的意识。

缺乏早睡早起的意识，也会导致孩子晚睡、赖床。因为孩子并不了解晚睡、赖床的危害。在他们眼里，玩耍比睡觉更重要，尤其是那些喜欢在睡前和父母互动玩耍的孩子，让他们在兴奋的状态下尽快入眠是比较难的一件事。

其三，缺乏安全感。

孩子的想象力本身就比较丰富，所以他们很有可能会胡思乱想，对黑夜产生一定的恐惧感，甚至因为怕黑而不敢睡觉。这种情况也会导致孩子晚上不愿躺下睡觉，早上又赖床的现象。

帮助孩子养成早睡早起的好习惯

充足的睡眠能促进孩子的生长发育，对孩子来说至关重要，晚睡晚起却有着诸多危害。那么如何帮助孩子改掉赖床、晚睡的不良生活习性，养成早睡早起的好习惯呢？具体可参考以下建议。

其一，父母要注意在平日里持续监督孩子入睡与起床的时间，让孩子知道每天到了一个固定的时间就要去睡觉是一件有助于自己身心健康的事。父母也可以以身作则，用劝导的方法让孩子明白晚睡的危害。或者最好先放下手边的事情或者工作，陪伴孩子一起入睡，这样不仅能够提高孩子睡觉的意愿，也能让孩子更快困倦与安静下来。时间久了，孩子早睡早起的意识自然就养成了。

其二，提高孩子的安全感。父母平时在入睡前可以给孩子讲一些温暖的睡前故事，通过合理的引导沟通，减少孩子对黑夜的恐惧，或者放一些温馨轻柔的乐曲，帮助缓解孩子的不安情绪，为孩子营造良好的睡眠环境。在孩子特别害怕的时候，还可以陪伴孩子入睡，这样不仅能让孩子不排斥早睡这件事，也能帮助孩子更安心地入眠，从而养成早睡早起的好习惯。

其三，如果孩子平时精力太过旺盛，父母可以在休息日或等孩子放学后带着孩子去户外运动，打篮球、踢足球、打羽毛球等都是不错的选择。充分的运动也能改善孩子的睡眠质量。

其四，父母也要给孩子做好榜样，不要因为看电视、玩手机、玩游戏而睡得太晚，尽量规律作息。

一边做事情一边玩

孩子的注意力缺失一般体现在同时做两件或者两件以上的事情上。比如一边听课，一边在书本上画画；一边做作业，一边看动画片。父母应该意识到，这些是普遍存在于孩子身上的问题，不应该因此而批评责骂孩子。要想解决孩子一心二用导致的做事拖拉的问题，就先要了解孩子注意力难以集中的原因。

孩子为什么总是无法在一件事上集中注意力

孩子总是无法在一件事情上集中注意力，可能有以下两个方面的原因。

其一，受外界环境的影响。

孩子在成长过程中，如果注意力没有得到很好的保护，如在嘈杂的环境下学习，作业写到一半被叫去做别的事，都可能使孩子没办法集中注意力去做一件事。久而久之，孩子很可能养成做事三心二意的习惯。就算没有外界的干扰，也无法专心投入。

其二，各种玩具对孩子的诱惑。

孩子喜欢玩各种各样的玩具，这是很正常的，但经常同时玩很多种玩具，也可能导致孩子的注意力没办法集中。通常情况下，父母为了满足孩子的娱乐需求，会给孩子买各种各样的玩具，孩子往往是这个积木搭一会儿，又跑去玩儿遥控汽车，然后再玩儿卡片。经常是什么玩具都只玩一会儿，积木搭不完，手工也做不成。时间久了，孩子就会把这种左顾右盼的习惯带到其他事情上。比如，孩子在看书时，一会儿看漫画，一会儿读古诗。每种类型的书都看一点，每本书都看不完整。

一次只做一件事，不让孩子一心二用

孩子在早期成长发育的过程中，注意力本就没有稳定完善，当他们将自己的精力和体力分配在不同的事物上，精力与专注力就会严重被消耗。所以，孩子在读书、学习时，父母应该让孩子尽量处于一种“干净”的空间环境下，让他远离玩具的诱惑；而在他玩玩具时，父母最好陪在身边，让他在一段时间内只玩一种玩具，由此培养孩子做事的专注力。

孩子的专注力是很脆弱的，在孩子成长的过程中，父母应该有意识地对孩子的专注力进行保护，不要让不良的外界环境成为培养孩子专注力的干扰源。

比如，孩子在安静地做一件事时，父母应该保证他处于相对安静的环境下，不管孩子在做什么，父母都不要随意干扰，更不要放纵孩子同时做好几件事或者一边做事一边玩。学习的时候就让孩子专心学习，玩玩具的时候，就让孩子尽情玩耍。一次只干一件事，做一件事就专注做好，慢慢给孩子的内心注入专注的力量，从而提高孩子的做事效率。

读懂孩子

正确判断孩子的专注力

据儿童心理学研究显示，不同年龄段的儿童，其注意力集中的时间是不同的，通常情况下，年龄越小，儿童注意力集中的时间越短，随着年龄的增长，儿童注意力集中的时间会逐渐变长。儿童注意力集中的情况如表 3-1 所示。

表 3-1　儿童注意力集中的情况

2—5 岁	7—9 分钟
5—7 岁	15 分钟左右
7—10 岁	20 分钟左右
10—12 岁	25 分钟左右
13 岁以上	约 30 分钟

资料来源：李学军.《儿童心理学，儿童微表情与微行为心理速查手册》，2017.

如果孩子的注意力时常在以上数据范围内，那么父母可以不用过分担心。但这并不代表父母就不需要关注孩子的注意力情况。如果你的孩子和同龄孩子相比，注意力明显更不集中，那么父母就要从其他一些方面去寻找孩子缺乏专注力的问题根源。

没有时间观念："写不完的作业"

写作业，是孩子上学后不可避免的一件事。而孩子写作业太慢、完成作业困难也成了很多父母头痛的难题。那么，孩子写作业困难的具体表现有哪些呢？其背后又有着怎样的原因？父母应该采取怎样的措施去帮助孩子提高做作业的效率呢？

孩子写作业慢的具体表现

很多父母都抱怨说辅导孩子做作业太难了，简直让他们操碎了心。尤其是孩子做作业时的各种拖拉表现，时常让他们气不打一处来。

孩子写作业时的消极表现一般表现在以下几个方面。

一是磨磨蹭蹭，父母不催几回肯定不去做。

二是哼哼唧唧，一边写作业一边唉声叹气个不停，一副浑身不舒服的样子。

三是嘻嘻哈哈，在写作业的过程中一会儿跑去客厅看电视，一会儿追着家里的宠物满屋跑，总不能安静下来专心做作业。

面对孩子写作业过程中出现的诸多问题，父母不必过分心急，而要采取科学的教育方法帮助孩子提高做作业的效率。

孩子写作业慢的原因及解决对策

面对孩子无法专心、按时完成作业的难题，很多父母认为是因为孩子太顽皮、不爱学习，但其实，导致孩子出现以上行为的因素有很多。

其一，频繁地更换学习环境。

有的孩子没有属于自己的单独的空间去学习和做作业，餐桌、茶几、沙发等地方都能成为他的书桌。

孩子可能找不到一个相对舒服的空间，于是频繁地换地方，一会儿在沙发上写，一会儿在餐桌上写，始终无法在一个地方专注学习，效率自然就会很低。而且孩子的专注力本身就比成年人短，光线、噪音、舒适程度等都会影响孩子的整体感受，从而使孩子产生厌倦写作业的心理。所以，父母应该有意识地监督孩子做作业时的状态，给孩子创造舒适环境的同时，监督孩子在固定空间内做作业，帮助孩子解决完不成作业的问题。

其二，遇到难题时无法及时得到帮助。

有的孩子对做作业这件事并不排斥，完不成作业或写作业拖沓，可能是因为他们在做作业的过程中遇到了困难，如在学校没有认真听讲，或者听了却没有听懂，进而在写作业时无从下笔。

遇到这种问题，有的孩子不会去问父母，而是选择干坐在书桌前，既浪费了时间也无法完成作业。而有的孩子则会选择问父母，这时，父母的态度也决定了孩子是否对作业上心。比如有的父母忙于工作或其他事，没有时间管孩子，有的父母有时间管孩子却文化水平不够，有的父母缺乏耐心等，这些都可能打消孩子做作业的积极性，导致孩子完不成作业。所以，关注孩子写作业时的状态与行为，在孩子遇到困难时及时给予适当的帮助与指导，更有助于提高孩子的作业质量与完成率。

其三，时间分配不合理。

孩子在小的时候通常会有很强的表现欲，也会喜欢被老师和父母表扬，所以一开始，他们对写作业这件事可能并不排斥，甚至积极性很高，但如果孩子不会管理与分配自己的时间，在一个学科上花费的时间远远超过另一学科，就很容易完不成全部作业。或者有的孩子在做作业时遇到了一道不会的题，做不出来就不做下一道，这不仅消耗了大量的脑力和体力，也把本应该做其他题的时间都挤没了。所以，父母可以帮助孩子制定作业完成时间表，在一个时间段内完成一个学科或者一部分作业，遇到难题就跳过，帮助孩子合理分配做作业的时间，从而让孩子摆脱写不完作业的困扰。

其四，过高的心理压力。

过大的作业量会使孩子产生疲惫厌倦感。比如父母在帮孩子做计划时没有给孩子留出足够的玩耍和休息时间，经常去看孩子有没有偷懒，于是孩子就总想找时间休息，甚至把所有时间都花费在和父母的“斗智斗勇”上。

过高的心理压力也会使孩子拖延任务、完不成作业。其实，每个拖延的孩子内心并不想拖延，也可能会因为拖延而感到焦虑与恐惧，如果父母对孩子的作业速度和作业的正确率尤为关注和重视，孩子就会担心做不好或做错，从而变得没有自信。有时候正是父母的强势，让孩子不得不拖延。甚至有的孩子会在父母的强硬催促下产生反抗心理，从而对写作业这件事感到厌倦，最后选择用偷懒、拖延的行为获取内心的平衡。孩子可能一开始只是借拖延对抗外界的压力，但慢慢却养成了拖延的习惯，作业总是无法完成。

因此，父母不要在做作业的事情上给孩子太多的心理压力，要注重亲子沟通，尊重孩子内心的感受，鼓励孩子勇敢地表达自己的心声。在孩子写作业的时候，父母应耐心地陪伴在其身边，在给予温和细致的辅导的同时，引导孩子适当加快节奏，提高做作业的效率。

教养攻略

教育孩子不能图省心与省事，尤其对待孩子的拖延问题，父母不能大意，更不能听之任之，而要使用一些科学的方法帮助孩子摆脱拖延，比如：

◎ 对孩子提出明确的要求

◎ 让时间变得具体

◎ 提高孩子的自控力

◎ 培养孩子的专注力

对孩子提出明确的要求

孩子做事拖拉，一方面可能是因为不感兴趣，另一方面可能是因为没有得到明确的指示。有些父母做事比较随意，又比较缺乏耐心，把对孩子的要求表达得模棱两可，使孩子执行起来没有一个明确的标准，仿佛站在十字路口，总是难以抉择要选哪条路，该先迈哪条腿。这种判断与纠结，会让孩子不积极甚至不愿意去完成一件事，从而想通过“拖”的方式让事情不了了之。如果在这种情况下，父母的态度仍然比较随意或者不予理会，孩子就会认为“拖”是解决问题的好办法，于是在遇到难题或麻烦时总想拖一拖。

父母可以根据孩子的年龄状况，提出明确具体的要求。当孩子有了明确的目标，他就会知道该怎么做。尤其在孩子年纪小的时候，父母对孩子提出的要求应该更具体、更直观、更形象。最好让要求“看得见、摸得着”。比如，父母想要培养孩子勤劳的好习惯，与其通过言语去催促孩子，反复唠叨他不要这么懒，要多锻炼、多干活，不如给孩子规定具体的任务，让他每天起床就自己把被子叠好、每天扫一次地、每个星期整理自己的衣柜等。这样一来，孩子就能把规定记在心里，并且有条不紊地去执行。

小辉上小学一段时间后，他的妈妈发现他还不能很好地适应小学生的生活节奏，贪玩、自控力差、晚上不按时睡觉等问题全都显现出来。而且他经常管理不好自己的时间，总是没做什么一天就过去了。面对这种情况，小辉的妈妈想了一个办法去帮助小辉。她根据小辉的生活状态，给他设计了一个时间表。表上面的内容包括：早上多久叠完被、用多长时间完成家庭作业、什么时间去练球、晚上几点上床睡觉等。而每一项“任务”都有具体的规定，也有相应的奖励措施。妈妈给小辉设计的时间表，每项内容都清晰明确，提出的要求也都很具体。所以，小辉能够很好地按照要求去分配管理时间，不会因为一件事不知道该如何去做而一拖再拖。

实际上，孩子的行为表现深受父母行为模式的影响，所以要想改掉孩子拖延的习惯，父母就要反思自己的行为，并采用正确的教育方法帮助孩子更有序、更明确地完成事情。

而对于父母要求不明确导致的孩子拖沓的行为，父母一定要耐下心来，给孩子一个明确的指示。让孩子知道，他应该做什么，能够做什么，或者他为什么要做那些事，不要让孩子在巨大的迷宫里自己找出路，更不能让孩子找不到出路就得过且过，用拖延解决问题。

让时间变得具体

在很多家庭里，父母和孩子都会上演时间拉锯战。孩子起床后不着急洗漱、吃饭而是去做一些无关紧要的事，不仅导致后续吃饭时间不够用，也会打乱父母的做事节奏。但其实，有时候孩子做事磨蹭，分不清先后，是父母没有培养孩子良好的时间观念。

比如，孩子起床后，父母会说“快起床，收拾完吃饭”，孩子吃饭时，父母会说，“快吃，吃完上学去”。年幼的孩子还没有“快”的概念，会更侧重于完成结果。只要最后能吃上饭，能去学校上学就行，至于花费了多长时间孩子似乎并不关心。如果父母性子急，看到孩子做事不紧不慢就出口训斥，孩子就会感到委屈。但如果父母性格温和，由着孩子的做事节奏，又会让孩子做事变得拖拉。所以，在孩童阶段，父母就应该有意识地培养孩子的时间观念，让孩子的时间观念变得具体。

小影的妈妈在他很小的时候，就会给他规定具体的时间。比如，小影玩游戏玩得痴迷，忘记有作业要完成，妈妈就提醒他“再玩五分钟就必须去写作业”，或者在吃饭之前，妈妈就和小影说，“我们有 30 分钟的时间吃饭”等，这样小影就会知道自己每做一件事都是有时间限制的，就不会无节制地随着自己的意愿去浪费时间。

在妈妈的培养下，小影变成了一个具有良好时间观念的孩子。妈妈规定的时间，小影几乎每次都能够遵守。

但有一些孩子可能对 10 分钟、半小时没有清晰的概念。父母的时间规定对他们来说可能并没有什么感觉。这个时候，父母就要用一些简单有效的方法让孩子感受与理解时间。比如，把时间变成孩子能真切感受到的东西——给孩子买一块手表，教孩子养成看表做事的习惯；和孩子一起计时去做一件事，一边陪孩子玩儿一边提醒孩子所用的时间，孩子就会在心底感受到时间的流逝。

另外，父母还要让孩子感受到时间的紧迫性和不复返性。这是让孩子在有时间观念的同时提高做事的效率。或者父母可以提前告知孩子超时带来的影响，让孩子知道拖延会导致的结果，孩子就会对时间有一定的把握。

提高孩子的自控力

很多孩子做事拖延可能源于其自身自控力较差，想做什么就做什么，不喜欢被约束。父母要帮助孩子克服拖延行为，就要提高孩子的自控力，引导孩子有意识地去克制自己的欲望。

有一位妈妈惆怅地和朋友说：“我真是拿孩子没办法，上学时，他每天都要把作业拖到非写不可的那一刻，放寒暑假了，就非得拖到开学前几天才去做，真是让人崩溃。”

朋友问这位妈妈：“那他不写作业的时候都会做些什么？”

这位妈妈回答：“要么和小伙伴出去玩儿，要么在家打游戏。每次我催促他，他都会说不着急，他心中有数。然后快开学了就临时抱佛脚。有的时候还要熬夜去完成作业。还有一次，做不完干脆不做了，我还因此被老师叫去谈话。”

针对这位妈妈的困扰，你有什么好的办法吗？

实际上，很多孩子可能就是因为没有时间和物质的限制，才会想做什么就做什么，想什么时候写作业就什么时候写作业。父母不妨尝试从孩子喜欢做的事情上对他进行延迟满足。比如，可以将孩子的作业等分成阶段性任务。如果他想和小伙伴出去玩，父母就可以限制他，只有做完一定量的作业，才能出去。为了尽快找小伙伴玩儿，孩子就会想要赶紧把作业做完。这样做，不仅能培养孩子的时间分配与管理意识，还能帮助孩子养成先完成任务再休息，而不是先娱乐再工作的行为习惯。适当“考验”孩子，对孩子增加“束缚力”，让孩子意识到很多东西需要付出才会有回报，有助于提高孩子的自控力。

另外，父母也可以用诱导教育的方式，让孩子形成一种要先完成作业才能更放松地去玩耍的观念，孩子就会把这种观念用在做其他事情上，在做一件事之前，他会不自觉地去思考，应该先做什么，怎样做才让自己更轻松。一旦孩子养成这种思考习惯，他的自控力也会在不知不觉中有所提高。

培养孩子的专注力

专注力的缺失也会让孩子把做事情的时间拉长，效率降低。上课不认真听讲、容易分心、写作业磨磨蹭蹭、一边吃饭一边看动画片等行为都是孩子专注力低的体现。而大脑进行感知记忆和思维认识等的最基本条件就是良好的专注力。专注力强的孩子，往往做事更快也更有成效。

那么，父母应该如何培养孩子的专注力呢？可参考以下建议。

其一，当孩子面对某项比较繁重的学习任务时，父母可帮助孩子将整个任务划分成一个个小目标，让孩子分阶段完成，也就是说，将定时完成改为定量完成。如果孩子能够专心完成某一阶段的学习任务，父母可奖励孩子休息几分钟，再进行下一阶段的学习。

其二，给孩子打造更合适的学习环境。比如孩子的书桌桌面应保持整洁宽敞的状态，上面只能放书本、文具盒等学习用品，不要放玩具和零食，以免孩子的注意力时不时从书本上溜走。

其三，在孩子背诵课文、默写单词的时候，父母要保持安静，不要总是进进出出孩子的房间，令孩子分心。在孩子画画、拼积木或玩游戏的时候，父母也不要随意干扰孩子，否则就不利于培养孩子的专注力。

另外，无论是孩子学习还是玩游戏的时候，父母最好多陪在孩子身边。当孩子自己一个人的时候，他们的注意力是很容易分散的，这个时候，就需要有父母在旁边帮助他把分散的注意力聚集到一起。时间久了，孩子就会养成专注做事的习惯，就算自己一个人也能很好地保持自控。

【写给父母】

每个喜欢拖延的孩子都一定有他“慢”的原因。要想改变孩子拖延的行为习惯，父母首先要弄清楚孩子为何会养成这些不良习惯。

父母可以以身作则，给孩子树立一个可以学习的好榜样。

父母需要细心地观察孩子的情绪与反应，给予孩子恰当的引导，让孩子拥有更多的安全感与责任心。

父母应该给孩子创造一个好的学习环境，给孩子创造一个舒适的空间。

没有天生“慢”的孩子，只要在成长过程中，父母可以从孩子的生理与心理等各个层面出发，从孩子的角度去思考，找到孩子“慢”的根本原因，并对孩子的行为进行有意识的把控和正确的指导，就能帮助孩子调整做事的节奏，让孩子远离做事“慢”的标签。

第四章

社交：让孩子悦纳自己、接纳他人

社交是人生的必修课，良好的人际关系有利于孩子身心的健康发展，糟糕的人际关系则阻碍孩子的成长。在孩子的性格发育阶段，比社交结果更需要受到父母重视的是孩子社交时的反应与状态，重要的不是让孩子强迫自己、附和他人，而是让孩子真正悦纳自己、接纳他人。

心理揭秘

孩子之间的社交并不比大人要容易，一不小心，孩子就可能变得不合群、被孤立。孩子的“社交难题”一般体现在以下几个方面：

◎ 不合群、拒绝交往

◎ 低头不语、不打招呼

◎ 拒绝分享

◎ 蛮横的“小霸王”

◎ 退缩的“胆小鬼”

◎ 沉迷于看电视而不是出去玩

不合群、拒绝交往

在一个群体中，活泼、开朗、积极的人总是更受欢迎。孩子也是如此，孩子的杂念没有那么多，自我个性还不完善，很容易被一群小伙伴所吸引。但也有这样一类孩子，性格比较孤僻，不爱和别人沟通与交往。这样的孩子，一般情况下自我表达和人际交往方面的能力会比那些合群的孩子要稍弱一些。面对不合群的孩子，父母要给予正确引导，培养孩子的社交能力。

孩子不合群、拒绝交往的原因

儿童心理学研究表明，合群的孩子更容易交到朋友，在未来的生活中大多有着良好的社会适应性，而不合群、总是形单影只的孩子一般情况下比较容易形成孤僻、自卑的性格。

那么，是什么原因使孩子变得不合群、拒绝与别人交往呢?

其一，父母过度保护。

孩子不合群，和先天性格有一定关系，但更主要的原因可能与父母的教育方式、所处的生活环境有关。有些父母怕自己的孩子被欺负、染上恶习、总贪玩不愿意回家……于是不让孩子出去和小朋友接触玩耍，只是让孩子待在家里，和电视机、玩具、漫画书做朋友，孩子便失去了和人交往、接触的机会与经验。等到有一天，父母觉得孩子长大了，可以放出去和别人玩儿了，孩子反而会觉得不适应，甚至对外界环境因陌生而感到恐惧，从而只想待在家里。

其二，性格因素。

有的孩子天生性格就比较内向，胆子小，他们可能并不是不合群、拒绝与人交往，而是对与他人沟通、接触这类事情有种天然的恐惧。他们不知道怎么与别人交往，或者害怕自己不被别人喜欢，于是总想远离别人。

告别孤僻，让孩子变得更合群

父母的悉心教育是孩子健康成长必不可少的前提条件。面对孩子的不合群、逃避与他人交流的现象，父母要采取科学的方式去引导孩子，帮助孩子告别孤僻，自如地融入群体。具体可参考如下建议。

其一，鼓励孩子迈出交往的第一步。

对于那些内向、心思细腻的孩子来说，其实他们内心非常渴望朋友，但是因为害怕被拒绝或者在与别人交往过程中受伤害，所以轻易不敢打开心扉。父母要特别关注这样的孩子，引导孩子迈出交往的第一步。比如父母可以在节日到来时，主动邀请孩子幼儿园里的其他小朋友来家里玩耍，鼓励孩子主动和同龄小伙伴打招呼、一起玩玩具。

其二，培养孩子受人欢迎的品质。

真诚细心、温和体贴的孩子大家都喜欢，也都愿意和他交往。父母在平日的生活中要注意帮助孩子培养受人欢迎的品质，帮助孩子纠正一些不良行为习惯，让孩子变成一个更受同伴喜欢的、阳光自信的人。

其三，给孩子足够的爱与陪伴。

当父母发现自己的孩子变得拒绝与别人交往，就要扪心自问，自己是否给了孩子足够的陪伴，或者是否有什么东西代替自己给了孩子陪伴。孩子在 14 岁以前，是不适合长时间一个人生活的。父母不要让孩子在最不该孤独的年纪习惯了孤独，否则会对孩子成年后的人际交往能力、团体合作能力有不可逆转的影响。

低头不语、不打招呼

孩子见人不打招呼，面对不熟悉的人总是低头不说话，孩子的这些表现让很多父母觉得苦恼，有的父母还会给孩子贴上“不懂礼貌”的标签。然而，给孩子乱贴标签的行为对孩子的成长是有害无益的，父母应该做的是去了解孩子不爱说话、见人不打招呼的原因，并及时应对、科学纠偏。

孩子为什么不爱说话、见人不喜欢打招呼

有些父母认为孩子不爱说话、见人不打招呼纯粹是因为孩子性格的原因，这是比较片面的。具体而言，其原因表现在以下方面。

其一，有的父母在社交礼仪方面对孩子有着严格的要求，总是在家里来人时提前叮嘱孩子见到长辈要问好，要表现得礼貌大方一点。

不知不觉间，父母的期望却给孩子带来了过大的心理压力，使得孩子见到家里来人就会下意识变得紧张、说话也变得磕巴起来，甚至本来想好的话一句也说不出来。

其二，有的孩子往往在父母、熟人面前活泼开朗，而在外人面前却沉默寡言，这样的孩子其实并不是真的性格内向，只是因为他们对陌生的环境、陌生的人有一定的戒备心与恐惧心理，在不熟悉的人面前往往不能做真实的自己。通常情况下，这类孩子虽然表面上拒绝与人交往，但他们的内心却对外面的世界充满了向往。他们可能也想与别人畅快沟通，却不知道如何表达，这个时候就需要父母的细心观察与耐心引导，识破孩子的“假内向”，正确看待他们低头不语、不打招呼的行为。

其三，有的父母见孩子见人不说话，就认为孩子性格内向，于是连忙向别人解释，自己的孩子不是没有礼貌，而是胆小、内向、不爱说话。但其实，孩子可能是因为对陌生人有距离感等原因才选择沉默，这并不代表孩子以后每次见人都不会说话。

还有的父母怕孩子不会说话、说错话或者不敢说话，于是每当有人问孩子问题，父母总是抢着帮忙回答，并一再强调孩子性格内向。

殊不知，父母这样一次又一次往孩子身上贴标签或给孩子的性格定性的行为，硬生生把孩子的表达欲给压了下去。父母反复强调孩子的内向，孩子时间长了就会默认自己就是内向性格、不爱说话，于是真的话越来越少了。或者有的孩子会觉得委屈，想反驳却又不知道该怎么反驳，只能接受父母对自己性格的定义，久而久之，对打招呼这件事就更加提不起兴趣，甚至有的孩子会产生叛逆心理，觉得“你说我内向那我就内向到底”，索性以后见谁都不说话了。

帮助孩子自如地和人交流、打招呼

父母要如何帮助孩子自如地和人交流、打招呼呢？具体可参考以下建议。

其一，父母发现孩子总是低头不语、不打招呼，不要下意识地埋怨孩子，给孩子的性格定性，而是应该仔细观察孩子的反应、表情与举动，准确发现孩子不打招呼、不说话的背后原因，尊重“真内向”的孩子，帮助“假内向”的孩子去学会自如地和别人交谈、打招呼。比如，带孩子参加各种聚会，锻炼孩子的胆量，或者在孩子面前演示向人打招呼、问好的流程，告诉孩子各种注意事项，创造轻松和谐的氛围，让孩子耳濡目染地学会如何和人打招呼。

其二，帮助孩子建立安全感，给孩子一个“从生到熟”的过程。大多数孩子内心都较为脆弱，缺乏安全感，尤其在身处陌生环境、面对陌生人的时候，那些比较慢热的孩子更需要足够的时间去适应。这个过程中，父母要帮助孩子建立安全感，及时抚慰孩子的情绪，鼓励孩子勇敢地和他人交流，而不是训斥孩子不懂礼貌、太内向。

拒绝分享

分享，是一件很美好的事，但是有些孩子却不愿意与他人分享，甚至根本不允许别人碰自己的东西。他们不愿意和别的小伙伴分享零食和玩具，甚至对自己的家人也很吝啬，吃饭的时候，总是要把喜欢的菜放到离自己最近的位置。面对孩子拒绝分享的行为，父母先别急着责骂孩子，而要通过耐心沟通、科学引导的方式令孩子明白分享的意义。

孩子为什么不愿意分享

拒绝分享不仅会让孩子变得自私，而且会让孩子不受群体喜欢，甚至被指责没有礼貌。那么，是什么原因导致孩子拒绝分享呢？

其一，父母灌输的错误观点导致孩子不愿分享。

很多父母怕孩子在外面受欺负、吃亏，于是从小给孩子灌输要“保护”自己东西的观点。比如，给孩子买了新的文具用品，就对孩子说：“这个文具很贵，不要拿给别的小朋友用，不然会弄坏的。”再比如，一边给孩子往书包里装水果，一边告诉孩子：“这些水果你自己吃，不要分给别的小朋友，否则你就没东西吃了。”或者，当孩子要去选奖品，便告诉孩子：“挑最好的拿，不要让别人把好的都抢了过去。”

父母或许是为了孩子的利益着想，却忽略了对孩子进行分享教育。孩子不懂得分享，久而久之就会形成自私的性格。不仅拒绝分享自己的一切东西，还可能因为自私而变得嚣张跋扈，受不得一点委屈。

其二，父母对孩子的溺爱导致孩子不愿分享。

现在的很多父母对孩子都十分宠爱，有好吃的全部让给孩子吃，孩子想玩什么东西，则全力为孩子提供。却不知，这种溺爱，反而会害了孩子。

孩子最开始可能是有分享意识的，会把手里的草莓递给妈妈，妈妈却说“妈妈不爱吃，你自己吃吧”。或者“我不吃，你还不够吃呢”。这无形中就增强了孩子的独享意识，以后他吃到好吃的东西，就会自然而然地去想“不用给父母，反正他们也不吃”。在面对伙伴的时候，孩子想的是：“我自己还不够吃呢，不能分给别人吃。”久而久之，孩子会理所当然地把好吃的、好玩的占为己有，不愿意与人分享，甚至根本意识不到有时候自己也会从分享中获得乐趣与成长。

其三，孩子觉得分享是失去而不是互利。

孩子拒绝分享，可能是因为在孩子的意识里，觉得分享就代表失去；给别人一半，就意味着自己少了一半。所以为了守住自己的利益，孩子就会拒绝分享。

这样做，培养孩子的分享欲

有些父母在孩子拒绝分享的时候既着急又恼火，可能会用训斥的方式去逼迫孩子分享，殊不知，这种做法可能会在孩子的心里留下阴影。父母应该掌握正确的方法去引导和帮助孩子。那么，父母具体应该怎么做呢?

其一，父母应该从小培养孩子的分享意识，让孩子知道，分享是一种彼此交换珍爱的东西的行为，自己分享出去而变少的一部分东西，会被别人给予的另外一种东西所填补、代替，甚至有的时候，收回来的要比送出去的更多。尤其是情感上的交互，不仅会让孩子明白分享的意义，还会让孩子体会到分享的乐趣。彼此关心、彼此友爱、彼此帮助，是极其美好的一种心灵体验。

其二，有时候，如果言语引导没有发挥出预期的效果，不妨和孩子一起阅读以孩童分享为主题的趣味绘本，通过生动形象的图画、简洁明了的故事引起孩子的共鸣，让孩子看到分享的好处，明白分享的意义。

其三，在孩子做出分享行为的时候，及时地赞扬和鼓励孩子，比如“你做得真棒，要继续保持哦”，给孩子更多的成就感和继续分享行为的动力。

蛮横的“小霸王”

有的父母苦恼于孩子性格霸道，不懂得与他人好好沟通和社交，惹得其他父母动不动就来告状。他们不明白，为什么自己的孩子会变成蛮不讲理的“小霸王”，也不知道该如何帮助孩子改掉这些不好的习性。其实，想要改变孩子蛮横的习性，就要了解孩子成为“小霸王”的原因，并科学引导孩子逐渐改变蛮横的性格，让孩子能够交到更多的朋友。

为什么孩子成了“小霸王”

有的孩子从小霸道无理，长大后便会形成以自我为中心的不良思维，给自身的人际交往造成障碍。因此，对于孩子的霸道行为，一定要从小予以正确的引导。那么，到底是哪些原因导致孩子成了一个蛮横的小霸王呢？

其一，父母过于宠溺娇惯。

有些孩子见到别人的东西，就想占为己有，当被拒绝了，就会感到生气，要么把东西抢过来，要么伸手打别人。这种蛮横的行为都是因为孩子在家被父母宠溺娇惯和缺乏感恩之心。因为在家的时候，孩子都是想要什么有什么，于是就认为他喜欢的东西必须都要得到。另外，当父母把好的东西让给孩子时，没有向孩子灌输一种感恩之心，孩子就会觉得自己得到好的东西是理所当然，所以在外人面前，自然就会表现出蛮横、自私等行为。

其二，受到身边环境的影响。

孩子喜欢模仿，如果身边的人脾气暴躁、自私自利，动不动就发脾气、摔东西，孩子在潜移默化中受到影响，渐渐也会变得蛮不讲理起来。

科学引导，令孩子改变小霸王的性格

孩子脾气差、性格强势很容易受到其他小朋友的排斥，那么如何帮助孩子改掉霸道无理、以自我为中心的小霸王性格呢？

其一，父母要走出溺爱的误区。溺爱并不是爱，父母要认识到，溺爱孩子并不会得到爱的回报，反而是对孩子的一种伤害。父母应该走出溺爱的误区，理性与克制地关爱孩子，日常在面对孩子刁蛮、任性的行为的时候，父母要及时教育，循循善诱，科学引导，而不是一味放任不管，听之任之。

其二，平日里，父母要严肃地告诉孩子哪些行为是不好的，哪些行为值得鼓励，而孩子必须为这些不好的行为承担哪些后果。比如因抢玩具推搡别的小朋友、在幼儿园里无缘无故地发脾气等都是不好的行为。如果孩子犯了这些错误，必要时可让孩子承担后果，比如拒绝购买孩子喜欢的玩具，取消一次孩子期盼已久的旅行等。

其三，父母要努力改正自己暴躁易怒的坏脾气，在给孩子做好榜样的同时，积极给孩子创造一个和谐友爱的成长环境。

读懂孩子

正确看待孩子的反抗

在遇到不顺意的事情时，有的孩子会一个人躲在角落里独自委屈，有的孩子则是又哭又闹，在地上耍赖打滚、摔东西、骂脏话，甚至会动手打人。据心理学研究证明，孩子的第一个反抗期一般在两岁到四岁之间，这个时期，孩子开始有了将自己区别于他人的意识。他们会想要按照自己的意愿去做事，想要自己的需求被满足，一旦这种需求得不到满足，孩子通常会表现出不听话、调皮、心情烦躁、总想和别人对着干等行为。一般情况下，处于这种状态中的孩子是最需要被理解与关怀的。正确看待孩子的反抗，满足他情绪的需求，而不是物质的需要，更容易走进孩子的内心。

退缩的“胆小鬼”

面对社交，有的孩子愿意克服困难，主动与人交流，而有的孩子则胆怯退缩，不敢主动与人沟通。为了避免孩子成为退缩的“胆小鬼”，父母应当分析孩子不敢社交的原因，并引导孩子勇敢社交。

孩子在社交中胆小、习惯性退缩的原因

孩子太过于胆小，在人际交往中习惯性退缩，一方面与自身的性格有关，一方面也与后天的养育有关。具体原因总结如下。

其一，家庭环境的影响。如果家庭氛围较为紧张，家庭成员之间经常发生争吵，孩子成长在这样的家庭环境下，性格就会变得敏感、脆弱、自卑，为了不受伤害，他们从不轻易在别人面前敞开心扉，也下意识地拒绝与他人交往。

有的孩子从小生活环境较为封闭，或者父母的管教较为严厉，因

此很少与同龄的孩子交往，久而久之，他们变得越来越害怕社交，也不知道该如何开展社交。

其二，因不愉快的社交经历而产生了心理阴影。有的孩子在与同龄小孩交往的过程中发生了某些不愉快的事情，这些经历令他们大受挫折，进而对社交产生害怕的心理，于是变得越来越抗拒社交。

做孩子的勇气之源，帮助孩子摆脱社交恐惧

孩子大多胆小怕事，需要父母的庇护和鼓励，身为父母，要做孩子的勇气之源，帮助孩子克服胆怯，勇敢地面对人际交往中的诸多挫折与困难。那么，父母具体应该怎么做呢？可参考以下建议。

其一，父母在为孩子创造温馨和谐的成长环境的同时，也要主动为孩子提供与外界“亲密接触”的机会和环境。比如，在参加朋友聚会的时候，带着孩子一同前去，帮助孩子认识不同的人群；带着孩子一起去购物，鼓励孩子与售货员交流，勇敢地表达自己的需求；鼓励孩子主动与年纪相仿的孩子打招呼，和他们一起玩耍等。

其二，对于生性内向、害羞的孩子，父母要保持耐心，手把手地向孩子传授社交技巧。首先，面对有社交恐惧的孩子，父母要耐心鼓励他们打开心扉，勇敢地走出社交阴影。当然，父母的鼓励并非一次两次就能见效，只有长期坚持才能起到理想的效果。

其三，父母可利用玩游戏的方式教导孩子如何去处理社交关系，提高社交能力。比如和孩子玩“角色扮演”的游戏，父母扮演陌生人，引导孩子向自己问好，和孩子一起交流、玩耍，通过模拟社交场景来向孩子传授社交技巧。

沉迷于看电视而不是出去玩

精彩的动画片、丰富的少儿节目牢牢吸引住了孩子的注意力，终日忙碌的父母也趁机歇口气，将孩子暂时“托付”给了电视。可谁知随着电视对孩子的吸引力越来越大，孩子也渐渐脱离了社交活动，变得越来越孤僻，这对孩子的成长明显是弊大于利的。

沉迷于看电视，影响孩子的社交能力

孩子花费大量的时间和精力去看电视，与外界接触的机会就变得越来越少，他们习惯于去通过电视了解外界的事物，直接获取答案，却失去亲身探索、实践的欲望，久而久之，他们对外界环境的适应力变得越来越差，甚至拒绝和外界沟通与交流。而且只要环境发生转变，孩子就变得无所适从，乃至倍感压力，想要逃回电视机前享受独处时光。可见，长时间与电视为伴，将极大地影响孩子的社交能力。

帮助孩子克服“电视瘾”，提高社交能力

孩子迷恋看电视却不喜欢出去玩成了很多父母的苦恼，对此，他们也很无奈，往往是一边严令禁止，一边又忍不住纵容。那么，父母应该如何做才能帮助孩子戒除“电视瘾”，逐步提高社交能力呢？具体可参考以下建议。

其一，父母要控制孩子看电视的时间，和孩子约定好什么时候能看电视，什么时候不能看，比如写完作业了可以看电视，吃饭的时候不能看，周末、节假日可以多看一会儿电视，而在家里上网课的时候就要认真学习，等等。在减少孩子看电视的时间的同时，父母也要鼓励孩子“走出去”，比如鼓励孩子去楼下花园加入同龄小朋友的游戏，去小区篮球场上和别的小伙伴一起打篮球等，只要孩子勇敢地迈出了第一步，慢慢就能够自信地展示自我，结交新朋友。

其二，父母要多陪伴孩子，多带孩子出去玩。有的父母忙于工作，没时间陪孩子，就会认为电视是一个可以代替自己给孩子提供陪伴与乐趣的好帮手，而孩子由于得不到父母的陪伴，只能从电视中寻找乐趣。起初，孩子是被电视节目吸引，后来，对电视的沉迷渐渐成为孩子保护自己的方式，只有看电视，他们才会觉得自己不孤单。

由此可见，想要帮助孩子克服“电视瘾”，父母首先要给予孩子更多的陪伴，多带孩子出去玩。尤其要多带孩子适应不同的社交环境，比如带孩子去儿童乐园、为孩子报名夏令营等。总之，父母要想方设法地将孩子的注意力从电视节目中转移到现实生活中去，一点点培养孩子的社交兴趣。

教养攻略

身为父母，应当教给孩子适当的社交技巧，帮助孩子体验到人际交往的快乐，使孩子内心感到更加充实与自信。下面几点攻略或许可以帮助父母更有效地教导孩子如何社交：

◎ 尊重孩子的沉默

◎ 告别害羞，勇敢表达

◎ 孩子被欺凌后，如何妥善处理

尊重孩子的沉默

生活中，一些父母因为孩子不愿意说话、不善表达、总是沉默寡言而感到担忧，害怕他们因此被同学欺负、被老师忽视，从而不利于将来的成长。有的父母甚至会责怪孩子性格太内向，时不时给孩子施压，希望孩子能变得更大胆活泼一点。

其实，孩子的沉默并非坏事，要知道孩子的性格各不相同，有的孩子喜欢说话，动辄滔滔不绝，有的孩子不喜欢表达，则沉默寡言。父母在教育培养孩子的同时，要尊重孩子的天性，不要按照自己的想象去“改造”孩子，否则不仅会伤害孩子，也可能适得其反。

10 岁的壮壮每次考试都能取得不错的成绩，老师们都很看好他，也很喜欢在课堂上对他提问，但是壮壮一站起来回答问题就支支吾吾，似乎不知道如何回答。

几次以后，同学们开始议论他成绩的真实性。有的孩子说：“他成绩那么好，但是课堂上什么问题都答不上来，分数不会是抄来的吧？”壮壮听到后心里感到很难受，回家就哭了起来。在爸爸的询问与引导下，壮壮说出了自己的心声："我没有抄袭，上课老师讲的内容我都能听懂，提的问题我也都知道答案，但我就是不喜欢站起来当着所有人面说出来。"

壮壮的爸爸听后明白了儿子的心情与处境，于是主动去找老师谈话，说明了壮壮的情况。和老师沟通后，双方都同意要尊重孩子的沉默。在那之后，老师们不再逼着壮壮回答问题，而是通过鼓励与诱导的方式让壮壮主动回答问题。

作为父母，要理解孩子的沉默，应该尊重孩子的这种意愿。具体而言，父母应做到以下几点。

首先，父母应该理解孩子的行为。

孩子长大后，会有很多自己的想法，他们变得没那么爱说话也没那么爱动了，但这并不代表他们的性格会往不好的方向发展。理解孩子的表现，倾听孩子的想法，接纳孩子的行为，才能让孩子敞开心扉、表达自己。

其次，父母要尊重孩子的选择。

尊重不仅是成年人交往中需要注意的事情，在孩子的世界里，尊重也尤为重要。父母、老师、小伙伴如果能给予孩子应有的尊重，不强迫孩子做他不想做的事情，那么孩子的防备心就会减弱，做起事来自然就轻松自在。

最后，父母要与孩子建立良好的亲子关系。

孩子长大后，尤其处于叛逆期的时候，可能会觉得和父母有代沟，于是不爱和父母说话。这个时候，就需要父母耐心地采用恰当的方法处理和孩子之间的问题，理解、相信、鼓励孩子，让孩子感到温暖，从而让孩子变得开朗乐观、乐于交往。

告别害羞，勇敢表达

孩子腼腆、羞于表达，很有可能是缺乏自信心的表现。父母如果因此指责孩子，只会让孩子自尊心受到打击，变得更胆怯，更加害怕表达。

小雪从小性格还算开朗，可一旦处于陌生环境，或者周围陌生人变多，她就常常一言不发。家里过年吃团圆饭，姑姑舅舅到她家里聚会，她不仅不主动打招呼，还总是躲在屋里不出来。

饭桌上，小雪的妈妈要她说几句祝福语，她一句话也说不出来。小雪的妈妈失望地说："这么大的孩子了，连一句祝福语都不会说。"小雪坐在座位上，委屈地哭了起来。旁边的姑姑连忙对小雪妈妈说："我们大人都不一定说得出好的祝福语，你哪能要求一个小孩张口就来。"然后又对小雪说："没关系小雪，祝福语不是非说不可，不知道说什么咱们就不说。"小雪不服气地小声说道："我知道要说什么，就是还没有想好怎么说。"姑姑听了连忙鼓励道："刚才一定是因为紧张对不对？”小雪点点头。“不着急，你想好了随时都可以说。”就在饭快吃完的时候，小雪走到姑姑旁边，悄悄和她说：“姑姑，祝您新年快乐，心想事成。”姑姑听了又鼓励她大点声再说一遍，让所有人都听见。小雪说完，姑姑一直夸她说得好，小雪非常开心。

由此看出，很多孩子之所以表现得过于害羞，就是因为缺乏自信心。而这时，就需要父母有意识地去引导和培养孩子建立自信。比如，父母可以让孩子处在一个相对放松的环境中，在孩子有压力的时候，帮孩子释放压力，而不是给孩子施压。再者，父母应该帮助孩子扩大交往范围，让孩子有机会和更多的人接触与沟通，带孩子多参加一些活动，增长孩子的见识，帮助孩子获得成功，增强孩子的自信。

读懂孩子

害羞不是错

虽然害羞的人平时话比较少，但是他们善于思考，勤于行动，更富有创造性和实干精神。所以，父母应该正确看待孩子的害羞，不要一味认为孩子害羞是件不好且需要纠正的事情，更不要让孩子觉得害羞是一种过错。正确看待孩子的害羞情绪，不仅可以让孩子的身心得到健康发展，还可能挖掘出孩子某些方面的潜力。尊重孩子的害羞情绪，有的时候也是帮助孩子找到自信的一种方法与捷径。

孩子被欺凌后，如何妥善处理

孩子上学后会接触到更多的小伙伴，也可能与别人产生一些摩擦与矛盾。那么，如果出现孩子被人欺凌、遭受嘲笑与侮辱的情况，父母该如何处理呢？

小浩现在 10 岁了，每天自己上学放学。小浩的父亲最近发现，孩子总是回来得比较晚，回到家吃完饭就进自己的屋里不再出来。

小浩父亲觉得不对劲，于是一天放学后去学校接小浩，才发现小浩被几个和他年纪相仿的孩子围着，那些孩子对他动手动脚，还翻他的衣兜。小浩父亲这时走上前去，想要问清缘由，那些孩子便一哄而散了。见父亲知道自己被欺负，回家的路上，小浩才说出真相。原来，他最近都在被那几位学生欺负、威胁。小浩一直忍气吞声，不敢反抗。这时父亲告诉儿子，逃避不是解决问题的办法，被欺负了应该勇敢说出来，自己解决不了就向父母老师求助，默默忍受，只会让自己被更严重地欺凌。

校园霸凌一直存在于学生之间，有些孩子会选择反抗，但也有很多像小浩一样胆小的孩子在默默忍受欺凌，不敢反抗，甚至不敢说出来。这些遭受校园霸凌的孩子，没有做错任何事，也没有主动招惹别人，仅仅因为他们比较内向、胆小、瘦弱，那些蛮横霸道的孩子就盯上他们，肆意加以欺负与威胁。这个时候，父母就应该做出正确的决断，帮孩子妥善处理受欺凌的事件。

第一，不要遇到事情才告诉孩子解决办法。平日里就要告诉孩子如果被别的孩子欺负了，要让对方给自己道歉。如果对方拒绝，或者做出其他不好的行为，一定要第一时间去找老师和父母。不要自己躲起来哭，不告诉别人。

第二，事情过去后，父母一定要跟进事情的发展。如果父母对发生的事不闻不问，孩子很可能会因为父母的不重视而受到二次伤害。父母应该主动询问孩子有没有得到道歉，是否还有类似的事情发生。让孩子知道，被欺负了，有父母给他想办法，做他的后盾，给他力量。

第三，从小锻炼孩子的表达能力与社交能力，孩子有很多朋友、不孤僻、乐观且自信，就不容易被欺负，面对遇到的伤害与困难，也会积极地去解决。

第四，从小锻炼孩子的勇气，让孩子在面对困难或欺凌时，敢于反抗，敢于去寻求帮助，而不是任何困难都自己承受，对自己的身心健康造成不良影响。

【写给父母】

在孩子成长过程中，父母要有意识地培养孩子的社交能力，协助孩子处理各种人际交往问题，帮助孩子更好地融入群体。

在孩子的社交活动上，父母需要尊重孩子的意愿，给孩子更多表达自己的空间，让孩子自由行使交友的权利。

父母要帮助孩子增强自信心，让孩子告别害羞，勇敢表达。

父母应该做孩子坚强的后盾，在孩子受委屈或欺凌时，给孩子指引方向，帮助他勇敢应对。

做智慧的父母，给予孩子足够的陪伴与理解，让孩子悦纳自己、接纳他人。

第五章

情绪：教孩子做情绪的小主人

孩子的情绪会对其生活、学习乃至今后的发展产生巨大影响。如果孩子懂得调节自己的情绪，在遇到不顺心的事情时能以相对平和的态度面对，不喜怒无常，不乱发脾气，不摔东西，不打架，不“吃醋”，那么将会更容易与朋友建立良好的关系，更专注地学习，更从容地应对失败与成功。因此，作为父母，一定要抓住培养孩子情绪管理能力的关键时期，关注孩子的情绪，引导孩子做情绪的小主人。

心理揭秘

你会不会被孩子的“无理取闹”气到血压飙升、心跳加速呢？冷静过后，你有没有试图去了解他们做出某些行为背后的心理因素呢？如果你想成为合格的父母，一定要知道孩子在做出某些“迷惑行为”时源于哪些心理：

◎ 喜怒无常的孩子

◎ 爱发脾气的孩子

◎ 摔东西的“破坏大王”

◎ 为什么男孩爱打架

◎ 面对父母对其他孩子的偏爱会“吃醋”

◎ 哭泣：不同情绪的表达

喜怒无常的孩子

很多父母都可能会遇到这种情况：孩子本来玩得好好的，开心得手舞足蹈，突然就变得非常暴躁，甚至大喊大叫。面对这种情况，有的父母会觉得孩子就是无理取闹，是任性的表现，无须理会；有的父母对此则倍感困惑，而且束手无策，不知如何处理。这种情况应引起父母的重视，父母应关注孩子的情绪，寻找孩子喜怒无常的原因，进而帮助孩子管理情绪。

别把喜怒无常当成孩子的天性

喜怒无常最典型的表现就是：一会儿高兴，一会儿发怒。可想而知，如果孩子总是喜怒无常，那么很容易因此而失去一些朋友，也会因为无法静下心来而不能投入地学习。因此，当父母发现孩子总是难以控制情绪、喜怒无常时，就要引起重视。

虽然孩子的天性就是想笑的时候笑，想哭的时候哭，但这并不等于孩子频繁的喜怒无常是正常现象。

父母要想让孩子健康成长，不仅要关注孩子的身体健康，还要重视心理健康，要让孩子学会管理情绪。

假如父母在孩子年龄小的时候无视孩子喜怒无常的情绪变化，那么待孩子长大之后，他们将更难以控制自己的情绪，进而影响社交和生活。

因此，父母不要将喜怒无常看成是孩子的天性，而要在适当的时候给予适当的教育，教会孩子管理情绪。

妞妞和好朋友倩倩在同一家舞蹈班学习舞蹈。有一次，妞妞因为倩倩受到了老师的赞扬而突然在课上发脾气大哭起来，不管老师如何劝导，妞妞都没有停止哭闹。无奈，妞妞妈妈只能提前将妞妞带离教室。

为了让妞妞停止哭闹，妞妞妈妈竟然向妞妞许诺："如果你好好把这节课上完，妈妈下课带你去超市买一个你最喜欢的玩具。"妞妞顿时破涕为笑，爽快地答应了妈妈，课后也如愿得到了想要的玩具。表面上看，妞妞妈妈似乎很快解决了问题，但实际上她并没有及时疏导妞妞的情绪，并且忽视了这不是妞妞第一次出现这种问题，她总认为孩子有点小情绪是很正常的，等长大了自然就会好，于是遇到类似的情况总是用类似的方法解决，时间长了，妞妞也变得越来越喜怒无常。

可见，当父母发现孩子有喜怒无常的问题时，一定要积极采取措施应对，别让这种不好的情绪影响了孩子的发展。

孩子喜怒无常定有原因

高兴的时候热情似火，愤怒的时候歇斯底里，很多父母对孩子的这种表现感到很头疼。面对孩子的喜怒无常，父母首先不应该无视，但也不应该抱怨或责备，而应想办法了解孩子的心理，找出孩子这样做的原因。

孩子之所以会喜怒无常，一般归结于以下几个原因。

其一，不能准确地表达自己的想法。

对于年龄较小的孩子或是语言表达能力不是很好的孩子，当无法准确地、完整地表达出自己的想法时，就容易突然情绪激动，哭闹不止，大发脾气。因此，作为父母，当发现孩子可能是因为不会表达而发怒时，要保持耐心，引导孩子将要表达的思想用简单、准确的语言表达出来，这样既可以平复孩子的情绪，又能使孩子学会如何表达。

其二，父母没有给予孩子正确的教育。

当孩子遇到不满意的事情就发脾气或哭闹时，父母不要为了制止孩子的行为而做出不合时宜的承诺或是举动，而要用正确的方式引导孩子、教育孩子。比如，父母可以对孩子讲解一些道理："喜怒无常伤人伤己""遇到问题时先找自身的原因""遇事三思而后行"等。

其三，父母对孩子的关心不够。

父母对孩子的关心不够容易导致孩子缺乏安全感，进而在遇到一些问题时只会通过哭来发泄或是用发脾气来"保护"自己，进而出现喜怒无常的问题。因此，在平日的生活中，父母要给予孩子足够的关心，要让孩子有被爱包裹着的感觉。

比如，当发现孩子的情绪有细微变化时，父母要主动与孩子沟通，弄清楚孩子为什么开心或不开心；当意识到孩子的想法非常幼稚时，不要直接否定，可以向孩子列举一些具体直观的例子，让孩子认识到不好的后果，进而做出更正确的决定。

其四，父母没有做好榜样。

有些父母脾气暴躁，会不分场合地训斥孩子；有些父母不会控制自己的情绪，遇到开心的事时就表现出非常友好、热情，而遇到不开心的事时就爱迁怒于他人，经常让孩子感到不知所措。久而久之，孩子的情绪变得非常不稳定，总是喜怒无常。因此，父母一定要为孩子做好榜样，时刻监督自己的情绪，不要成为一个喜怒无常的人。

爱发脾气的孩子

孩子在遇到不顺心的事情时发脾气是可以理解的，但如果经常性地胡乱发脾气，那就要引起重视了。孩子爱发脾气不仅不利于其自身的成长，也不利于家庭的和睦，更不利于与他人的交往。因此，父母要时刻关注孩子的情绪，弄清楚孩子为什么发脾气，然后帮助孩子改掉乱发脾气的问题。

人小脾气大，总想当“老大”

每个人都有发脾气的时候，孩子也是如此。但是，孩子如果不分场合、没有缘由地乱发脾气，就会让父母感到无奈，甚至气愤。

如果有一个人小脾气大的孩子，动不动想要在别人面前充当“老大”，那么其父母一定也会非常郁闷。但是，郁闷之余也要想办法帮助孩子改变爱发脾气的习惯。比如，父母要让孩子知道，一个乱发脾气的孩子是很没有礼貌的，也是很难交到朋友的。

明明刚上了一周的幼儿园就被许多父母“投诉”。原因是，明明总想让别的小朋友听他的指挥，一旦有人不按照他的指令做，他就会大发脾气，冲着小朋友吼叫。因为在幼儿园里经常遭到明明的恐吓，所以很多小朋友非常抵触上幼儿园。小朋友的父母纷纷向幼儿园老师反映情况，希望可以得到一个满意的答复。于是，幼儿园方面找到明明父母，让其想办法解决这件事。

为了求得原谅，明明父母写了一封诚恳的道歉信，并发到了幼儿园家长群中。紧接着，明明的父母开始耐心地引导明明，让明明意识到自己乱发脾气的做法是不对的，如果不加以改正将可能失去很多朋友。经过几天的努力，明明终于明白“不乱发脾气，才会收获许多朋友”的事实，学会和善地对待其他小朋友，也不再乱发脾气。

当明明父母得知明明在幼儿园乱发脾气的情况后，以非常积极的态度解决问题，帮助明明改掉了坏习惯，让明明真正融入了幼儿园的生活之中。

孩子为何动不动就发脾气

孩子动不动就发脾气并不是天生就这样的，而是基于各种各样的原因。具体来说，孩子爱发脾气很可能与以下几个因素有关。

首先，长辈溺爱孩子。不管孩子提出什么要求，长辈总对其有求必应，长此以往，一旦孩子的要求不被满足，他们就会发脾气。

其次，孩子遭受了挫折。孩子遇到挫折后，无法接受自己失败的现实，可能就会以发脾气的方式宣泄情绪。

最后，模仿大人。一些大人一遇到事情时就控制不住情绪，容易发脾气。孩子很容易模仿大人的行为，遇到不顺心的事情的时候也会胡乱发脾气。

想要帮助孩子纠正乱发脾气的行为，首先，作为父母，爱孩子一定要有度，要让孩子清楚自己的底线。这样，孩子就不会轻易向父母提出一些不合理的要求，更不会在需求得不到满足时乱发脾气。

其次，父母要让孩子正视挫折，当遇到困境与失败时要保持冷静，寻找解决问题的办法，而不要乱发脾气。父母要让孩子清楚“失败是成功之母”。

最后，父母在孩子面前要懂得克制不好的情绪，不要动不动就发脾气，以免孩子模仿自己的做法。父母要保持耐心，让孩子明白发脾气是解决不了问题的。

读懂孩子

允许孩子适当发发小脾气

有些父母觉得，自己的孩子在众人面前“发脾气”是一件很丢人的事情，会让人觉得自己没管教好孩子。因此，在孩子小时候，父母就特别在意训练孩子克制情绪的能力。这些父母会时刻盯着孩子的言行，反复提醒孩子“不该这样”“不该那样”，久而久之，孩子会变得十分“乖巧”，不敢为自己做主，更不敢表露自己的真实情绪。

其实，父母在引导孩子不乱发脾气的同时还要学会适度“放手”，允许孩子适当地发发小脾气。因为孩子的年龄小，做事容易冲动，自制力较差，面对挫折的容忍度也很低，所以他们根本不理解为什么父母总是阻止自己做一些事情，进而会用发脾气的方式表达自己的感受。假如孩子的感受总是被压制、被干涉、被要求藏在心里，是很不利于孩子健康成长的。因此，应该允许孩子适当发发小脾气。

摔东西的“破坏大王”

面对爱摔东西的“破坏大王”，父母一定会感到非常头疼。其实，喜欢摔东西、破坏力很强的孩子未必就是“坏孩子”，因为孩子摔东西的行为背后必然隐藏着许多父母不知道的原因。所以，当孩子摔东西时，父母不要一味地指责，而要探寻孩子的心理，了解孩子这样做的原因，然后加以疏导和教育。孩子只有在父母的关注与教导下，才能成长为一个行为举止优雅、情绪稳定、人格健全的人。

看到孩子摔东西背后的原因

孩子一言不合就摔东西，面对这种情况父母绝不能掉以轻心。父母应走进孩子的内心世界，了解孩子摔东西这一行为背后的原因，然后加以教导，避免孩子成为一个脾气暴躁的“破坏大王”。具体来说，孩子爱摔东西的原因主要有以下几点。

首先，不知道如何表达自己的需求。孩子摔东西很可能是因为不知道如何向父母表达自己的感受。

其次，父母太娇惯，有求必应。如果父母一直以来都对孩子有求必应，突然有一次拒绝孩子，就会让孩子无法接受，进而用摔东西的方式表达自己的不满。

最后，父母不懂得约束自己的行为，经常在孩子面前摔东西。父母是孩子的第一任老师，是孩子模仿的对象。如果父母经常毫不避讳地在孩子面前摔东西以表达愤怒情绪，那么孩子也可能有样学样，用摔东西的方式去宣泄情绪。

对孩子肆意摔东西的行为，父母不能视而不见，这样只会助长孩子的不良行为和坏情绪。父母要充分了解背后的原因，帮助孩子改掉乱摔东西的毛病，同时关注孩子的内心，用爱去教育和感化孩子。

面对“破坏大王”，父母该如何做

那么，当孩子出现摔东西的行为时，父母应当怎样做呢？

首先，父母要让孩子感受到语言的魅力，教会孩子用恰当的语言与人沟通，摒弃摔东西的行为。这样，当孩子遇到一些问题时首先会想到用合适的语言来表达，而不是乱摔东西。比如，当孩子吃面条烫到了嘴时，就会告诉妈妈：“妈妈，面条有点烫，能过一会儿再吃吗？”而不是生气地将筷子扔在地上。

其次，要让孩子承担一定的后果。在孩子摔东西前，父母要提醒孩子，摔东西是要承担一定的后果的；在摔东西后，父母要告知孩子因为其摔了东西所以就失去了这件东西。比如，如果孩子在气头上摔碎了自己最喜欢的水杯，那么父母千万不要立即为孩子买一个新水杯，而要让孩子感受到没有这个水杯给自己带来的不便。

最后，巧妙引导。父母要引导孩子正视自己的错误，同时要让孩子想办法弥补自己的过失。这样，孩子会对自己的不当行为更加印象深刻，会在今后避免类似的情况发生。比如，孩子摔烂了哥哥搭好的积木，那父母可以带着孩子一起将积木恢复原貌，让孩子体会到搭一个积木的辛苦，不再乱摔东西。

读懂孩子

客观看待孩子摔东西的行为

孩子摔东西除了因为其想发泄情绪，还可能源于其对世界的探索欲。孩子的好奇心非常强，心理充满了各种疑问，在想要了解世界的过程中就可能有摔东西的行为。比如，想要看看“小玩偶能飞多远”“小板凳从高处掉下会疼吗”“苹果、鸭梨、弹力球都能从墙上弹回来吗”等。因此，如果父母发现孩子摔东西其实是因为其要探索世界，只要孩子的行为不会让自己受到伤害和给他人带来巨大影响，就不要轻易责怪他们。

为什么男孩爱打架

男孩天生就比女孩易怒好斗、争强好胜，遇到问题时容易控制不住情绪。如果你有一个儿子，那么一定要在其很小的时候就要教会其控制情绪，告诫其不要打架。如果你的儿子经常打架，那么就要挖掘其爱打架的原因，从根本上解决问题。

心胸狭隘的男孩更容易与人发生冲突

如果男孩的心胸很狭隘，那么就容易与别人发生肢体冲突。比如，在遇到别人向其寻求帮助或索要一些物品时，就容易觉得自己的利益受到了威胁，进而可能会与人发生冲突。或者当发现别人的语言或行为是自己不能理解的或接受不了时，就可能与人发生冲突。

如果孩子因心胸狭隘而爱打架，那么父母可以尝试以下两个方法来帮助孩子改掉这个坏习惯。

首先，父母要鼓励孩子多结交朋友。孩子只有多与其他孩子互动，才能学会与人沟通。这样，在遇到与别人产生意见分歧时，孩子也会知道如何沟通，而不是全凭“武力”解决。

其次，父母要让孩子学会宽以待人。对此，父母首先要以身作则，当孩子犯错时，父母不要立即指责，而是先安慰再了解情况，给孩子改错的机会。在父母的影响下，孩子也会懂得在别人犯错时不去喋喋不休地埋怨责怪，而是积极地与其沟通。

易冲动的男孩爱打架

易冲动的男孩子性格急躁，自制力差，做事鲁莽，所以就容易与其他人动手打架。因为容易冲动，所以一旦感觉别人“冒犯”了自己就会立马反击，要么与人发生语言冲突，要么与人产生肢体冲突。孩子因为冲动而与人打架的后果往往很严重，做父母的一定要懂得引导孩子，让其尽可能克制自己的冲动行为。

面对易冲动、爱打架的孩子，父母首先应反思，看自己是否经常冲动地做事，如果有，就要加以改正，为孩子树立良好的榜样。比如，父母不要在孩子面前吵架，控制暴躁的情绪；也不要打骂孩子，让孩子在温馨和谐的家庭氛围中健康成长。

另外，父母要教会孩子控制自己容易冲动的情绪。父母要告诉孩子，如果遭到别人的讥讽、嘲笑，首先要冷静下来，然后采取理智的对策，如用沉默表示无视，或者用简单的几句话表达自己已经受到伤害，指出对方不对的地方，让对方意识到自己的问题。父母还可以教孩子学会转移注意力，告诉孩子当对方让自己感到很气愤时，可以暗示自己“要做一个沉着冷静的人”“冲动是魔鬼”，同时在心里数十个数，待情绪缓和时再来处理这件事，或者直接去一个安静的环境让自己冷静下来。父母在平时也要有针对性地训练孩子，培养其耐性，如培养孩子画画、做手工、养小宠物的兴趣爱好等。

虚荣心在作怪

有些孩子的虚荣心极强，所以经常因为一点小事儿就与人打架。因为虚荣心强，所以他们很怕自己“懦弱”的表现会让人看不起，进而会用打架的方式证明自己的“实力”。久而久之，这些孩子会误以为打架才是解决问题的最好办法，这些情况都需要引起父母的重视。

几天前，诺诺因为同学说他的新书包不好看而与同学打了起来。事情的经过是这样的：诺诺满怀欣喜地背着爸爸为其买的品牌书包来到学校，一进教室就引来了同学们的围观。看到同学们投来的羡慕的目光，诺诺感到开心不已，一边展示自己的书包的细节一边炫耀这个书包的价格。正当诺诺讲得起劲儿时，一个男孩却嘲笑诺诺的包样子很丑，这让诺诺很生气，忍不住冲到那个男孩面前，用力地推了他一下，男孩不甘示弱和诺诺扭打在一起。

诺诺无法忍受自己的名牌书包被人说丑，便用打架的方式为自己争回“面子”。可是，他真的因此保住“面子”了吗？他的“面子”必须靠名牌书包、打架来证明吗？答案无疑是否定的，太过虚荣、爱打架很容易给孩子的成长带来阴影，甚至影响孩子的未来发展。因此，父母一定要想办法让孩子杜绝打架行为，还要帮助孩子远离虚荣。

首先，父母要让孩子知道内心的富足比外在的东西重要得多，要追求内心的丰富，不要攀比外在的东西。

其次，父母要让孩子勇于承认自己的不足，愿意听取他人的意见与批评，要懂得向优秀的人虚心学习。

最后，父母要告诉孩子不要因为害怕影响自己在别人眼里的“形象”而极力掩盖自己的弱点，真实的自己才是最可贵的。

总之，父母要培养孩子真诚、朴素、谦逊的品质，克服虚荣心。

读懂孩子

男孩爱打架有一定的生理原因

大多数时候，男孩都会比女孩更具有攻击性，更容易与别人发生肢体冲突。这是因为男孩体内有一种特别的激素，即睾丸素，这种激素使其身体会更加健硕，情绪更容易急躁，在情急之下更容易选择用武力解决问题。

因此，如果你有一个儿子，一定要学会以柔克刚，遇到分歧时要多听听他的意见，适时地给他充当“一家之主”的机会。这样，孩子就会慢慢学着做一个温柔的人，懂得要肩负起家庭的责任，与人发生冲突时也能顾全大局，不会轻易与人发生肢体冲突。

面对父母对其他孩子的偏爱会“吃醋”

“吃醋”这种现象可不只发生在成年人身上，也会发生在孩子身上。当发现爸爸或妈妈对别的孩子很好的时候，那些原本很乖巧的孩子可能会变得不听话，甚至做出一些反常行为，以此来表达心中的不满。当家里有一个爱“吃醋”的孩子时，父母就有必要采取一些方法和措施，避免孩子成为“醋坛子”。

爱“吃醋”的孩子的“小秘密”

其实，孩子“吃醋”并不是毫无理由的，可能存在以下两个原因。

其一，孩子缺乏安全感。当孩子感觉到自己的爱被“分享”或“占有”时，就容易产生嫉妒心，这是一种缺乏安全感的表现。因此，父母在平时要多表达自己对孩子的爱，让孩子坚信父母对自己的爱是永远不会被夺走的。

其二，孩子不够自信，不懂得欣赏自己和别人。当孩子存在自卑心理时，就会觉得自己不如别人，就容易“吃醋”；当孩子不善于发现别人的优点时，更不知道要取长补短，也会心生嫉妒。

面对爱“吃醋”的孩子，父母先别急着埋怨他们不懂事，而要科学引导。

引导孩子不做“醋坛子”

“吃醋”容易让孩子错失通过努力获得进步的机会，也会让孩子因嫉妒而失去快乐，还会导致孩子消极社交，交不到朋友。如果父母意识到了自己的孩子爱“吃醋”，那就要采取行动，不要让孩子成为一个“醋坛子”。

首先，父母要给予孩子足够的爱，多关心孩子，想办法满足孩子的合理需求，进而帮助孩子形成安全感。当孩子坚定不移地相信你爱他时，不论你帮助谁，他都不会“吃醋”，甚至还可能与你一同帮助别人。

月月妈妈带着月月在小区的公园玩耍。突然，月月妈妈发现不远处一个年龄稍大一点的女孩骑车跌倒了，于是快速跑到女孩面前，查看其是否受伤，并小心翼翼地将其扶起。正当月月妈妈打算将女孩扶到一旁休息一下时，在原地等待的月月突然哇哇大哭起来，嘴里还不停地嚷着：“妈妈来，你是我的妈妈，不是她妈妈，你只能帮我，不可以帮别人。”月月妈妈觉得尴尬极了。月月妈妈将摔倒的女孩安顿好之后，回到了月月身边，本想要好好地教育一下月月，让月月知道要助人为乐，可月月的哭声更大了。看到月月情绪如此激动，月月妈妈决定先给月月一个大大的拥抱，待月月情绪好转之后再慢慢解释。

回到家之后，月月妈妈开始反思自己，也许是自己忽视了月月的感受，让月月误以为自己帮助别人就是将爱也分给了别人。在睡前，月月妈妈特意跟月月就今天发生的事情做出了解释，并非常坚定地说：“妈妈最爱的人就是月月。妈妈帮助别人，其实也是希望月月在遇到困难时也能第一时间得到别人的帮助。”

经历了这件事之后，月月也开始理解妈妈，慢慢地变得不那么容易“吃醋”。

其次，父母要经常向孩子讲明一些道理，让孩子知道帮助别人其实可以给自己带来快乐，让自己拥有宽广的胸襟，愿意帮助别人渡过难关。

最后，父母要拥有正确的价值观，为孩子树立不“吃醋”的榜样。比如，父母之间不会因为彼此帮助朋友解决困难而“吃醋”，反而更愿意参与其中，共同帮助朋友。

哭泣：不同情绪的表达

你的家里有没有一个“爱哭鬼”呢？面对爱哭的孩子，你又是怎么做的呢？其实，爱哭是孩子的一种天性，哭泣也是孩子宣泄情绪的方式。当孩子哭泣时，父母首先要安抚孩子，尝试走进孩子的内心，了解孩子为什么哭泣，进而帮助孩子改掉爱哭的小毛病。

因为害怕，所以哭泣

孩子在很小的时候更愿意跟自己熟悉的人在一起，一旦见到陌生人或是处于陌生的环境，就可能因为害怕而哭泣。然而，不少父母对此却没有足够的认识，甚至还经常强迫孩子去跟陌生人接触，去人多的地方展现自己。这就导致有些孩子因为心理负担过重而更害怕见陌生人、去陌生的环境，造成严重的心理问题。

因此，面对孩子爱哭泣的行为，父母一定要多一点耐心，仔细分辨其爱哭是不是因为太害怕。如果是因为害怕而哭泣，那么父母就要多考虑孩子的感受，不要急于求成，不强迫孩子与陌生人接触，也不要将孩子扔在一个陌生的环境中。父母可以多陪伴、多鼓励，让孩子逐渐适应，多给孩子一些时间。

瑄瑄已经满六周岁了，终于有资格成为一名小学生了。九月一号这天，瑄瑄一大早就被妈妈叫醒，收拾好书包，前往学校。可是，正当妈妈送完瑄瑄准备转身离开时，只听瑄瑄“哇”的一声哭了起来。

原来瑄瑄因为看到陌生的大门、陌生的保安叔叔、陌生的操场以及陌生的小朋友而感到害怕，所以忍不住哭了起来。瑄瑄一边抱住妈妈的大腿一边哭着说：“妈妈，我不想在这，我想回我的幼儿园。”瑄瑄妈妈看到瑄瑄情绪如此激动，开始不断地安慰他：“瑄瑄已经六岁了，是小哥哥了，以后也是一名神气的小学生了。在这里，你能学会很多本领，也能认识更多的朋友。”终于，在妈妈的耐心安慰与鼓励下，瑄瑄重新走向了校园，进入了教室，开启了一段新的“奇妙之旅”。一周之后，瑄瑄就适应了小学的校园生活。

可见，瑄瑄之所以能顺利度过入学初期的分离焦虑，没再哭泣，不再抵触上学，与瑄瑄妈妈的耐心劝导是分不开的。

因为委屈，所以哭泣

有时，当孩子受到一些委屈时就容易哭泣。当他们被其他人怀疑或遭到不公平对待时，经常会因为不知道如何辩解或反抗而委屈，进而用哭泣的方式发泄自己的不开心。

如果你的孩子经常因为委屈而哭泣，那么就要注意平时多多关心孩子，重视孩子的感受，引导孩子将内心的委屈用恰当的方式表达出来。父母一定要让孩子知道，即便委屈也要镇定，控制好情绪，不要只顾着哭，因为哭是解决不了问题的。另外，父母还要告知孩子，当遇到不公平的事情时要勇于说“不”，不要埋在心底，让自己无比痛苦，否则将危害自己的身心健康。

因为生气，所以哭泣

当孩子对某个人或某件事生气时，也可能用哭的方式宣泄愤怒的情绪。如果孩子因为生气而哭泣并且并非无理取闹，那么父母最好不要置之不理，而要帮助孩子从愤怒的情绪中走出来。如果父母经常无视孩子因为生气而哭泣的行为，一方面会让孩子误以为你不爱他，会非常难过甚至抑郁，另一方面则可能让这种行为愈演愈烈。因此，父母要多从孩子的角度出发，多安慰，勤劝导。比如，当孩子被一个捣蛋的家伙气哭时，父母可以先抱抱孩子，然后在其耳边轻声说：“宝贝不哭，妈妈看到了，你没有错，而且做得很好。”

只要父母给予正确的安慰与引导，孩子的哭泣就不会一直持续下去。当再遇到类似情况时，孩子也能保持冷静，不会轻易哭泣。

教养攻略

孩子不会控制情绪与父母不懂得如何去科学教导有很大关系。培养孩子不只要教会他形成良好的学习习惯，还要让他拥有控制情绪的能力。父母要想让孩子成为情绪的小主人，至少要做到两点：

◎ 给予孩子足够的关注

◎ 释放情绪，允许孩子大声哭出来

给予孩子足够的关注

父母只有给予孩子足够的关注才能让孩子感到非常幸福，进而在面对一些人或事时会有更大的包容心。显然，一个有着博大胸襟的孩子一定也能很好地控制自己的情绪。因此，不管父母的工作有多忙，生活压力有多大，都要记得关注自己的孩子，让孩子有被爱、被重视的感觉。

关注孩子的内心，让孩子变得更好

父母要时不时地与孩子谈心，通过孩子的言行去洞察孩子的心理变化，发现孩子有心理上的困扰时一定要及时疏导孩子的情绪，让孩子保持健康的心理。父母对孩子心理的关注可以让孩子受益终身，促使其在今后的人生旅途中保持乐观、阳光的态度。

当孩子因为某件事不开心时，父母要耐心开导孩子，肯定孩子的优点，待孩子情绪缓和一些后再给孩子提出一些建议，让孩子不再纠结和难过。可想而知，当孩子遇到困难时，一定是非常无助的，而如果此时能得到父母的帮助将会让孩子非常感动，也会对战胜困难充满信心。

关注孩子而不是监视孩子

父母要积极地关注孩子的成长，但这并不意味着父母要时刻盯着孩子的一举一动，不要将关注当作监视。

虽然孩子的成长离不开父母，但孩子也需要有自己的空间。也就是说，父母可以关注孩子，但不要过分干涉孩子的自由，不要限制孩子的行动。假如父母总是一发现孩子有某些做得不太好的地方就粗暴地打断孩子，毫不客气地指出问题，并勒令孩子严格遵守自己的指令，就会让孩子逐渐失去自我，在以后遇到问题时也不能靠自己解决。另外，孩子毕竟年龄还小，有些行为是需要慢慢改变的，甚至没必要改变，所以父母不要为了打造一个“完美”的孩子总是挑孩子的“毛病”。

父母要想指出孩子身上存在的一些问题，一定要讲究方式方法，确保在不影响孩子情绪的情况下提出，要以尊重孩子为前提。

释放情绪，允许孩子大声哭出来

有时，孩子可以通过大哭来释放情绪。因此，当你的孩子因为某些事伤心地大哭时，不必立即制止，只需静静地陪伴在孩子身边，或者温柔地抱住孩子，等待孩子慢慢平静下来。大哭过后，或许孩子会突然想明白一些事情，心情变得舒畅，也不再为这件事而难过、纠结。

还给孩子哭的权利

孩子哭泣并不一定就是懦弱的表现，它也可能是孩子宣泄坏情绪、释放压力的一种手段。哭泣的好处具体表现在以下几个方面。

其一，哭可以宣泄情绪、调整心态。一些孩子处在陌生的环境或是与陌生人接触时容易紧张，会有情绪上的波动。此时，如果孩子哭了，父母不要觉得孩子在无理取闹，也不应要求孩子“别哭”，因为孩子可能是情绪过于紧张而忍不住哭泣。哭过之后，孩子的压力得到了释放，情绪就会好许多，继而可能会有勇气尝试融入新的环境或与陌生人交谈。

其二，哭泣有利于身体健康。眼泪中含有溶菌酶，能够消灭细菌、流泪时眼泪可以起到滋润眼睛、清洁眼球的作用。另外，婴幼儿还可以通过大哭锻炼肺活量，促进肺部的发育，从而使身体更强壮。

可见，哭对于孩子身心的健康发展也是有一定帮助的。父母没必要一见到孩子哭就如临大敌、加以阻止，必要时要还给孩子哭的权利。

孩子哭，父母也不要袖手旁观

虽然孩子哭是有一定好处的，必要时要还给孩子哭的权利，但父母也不要在孩子哭泣时冷眼旁观，不管不问。

年龄稍微大一点的孩子比较好面子，不想让大人看到自己哭泣，所以他们可能需要将自己“关”起来哭。此时，父母要尊重孩子，可以先回避，但也要在合适的时候给予安慰，如询问孩子“需不需要喝点水”“冷不冷”？待孩子宣泄完，父母可以试着跟孩子聊一聊。

假如孩子年龄较小，孩子哭时可以帮孩子擦擦眼泪，温柔地抱抱他们，及时地送上安慰。总之，孩子哭时也要让孩子感受到来自父母的关爱。

【写给父母】

一个人要想成长，必须懂得控制自己的情绪，不要让情绪左右了自己的人生。对于心智尚未成熟的孩子来说，想要收放自如地控制情绪并不是一件容易的事情。因此，父母就要充当老师的角色，引导孩子成为情绪的小主人。

父母要多陪伴孩子，了解孩子的需求，取得孩子的信任，从而在孩子无法控制自己的情绪时听得进父母的意见。而在父母的科学教导下，孩子慢慢就会知道怎么去调节自己的情绪。

父母要注意自己的言行，营造良好的家庭氛围，让孩子在爱的包围中成长。这样，孩子会更擅长与人相处，会知道要控制自己的消极情绪。

父母要关注孩子的情绪变化，当孩子有不好的情绪时以孩子能接受的方式加以提醒，或者鼓励孩子将不好的情绪发泄出去。

总之，父母要重视孩子的情绪，让孩子保持积极情绪，享受孩童时期的快乐时光。

第六章

焦虑：尝试理解孩子的感受

在大人的认知里，孩子始终都是快乐的、无忧无虑的，而事实上，孩子也会因为一些人或一些事而焦虑不安。当孩子出现焦虑情绪时，他们也会烦躁不安，担惊受怕，严重影响他们的生活与学习。因此，父母一定要重视孩子的焦虑情绪，尝试理解孩子的感受，帮助孩子走出焦虑。

心理揭秘

当父母发现孩子最近像变了一个人一样，总是心烦气躁，紧张不安，那就要考虑孩子是否出现了焦虑情绪。那么，如何判断孩子是否有了焦虑情绪呢？如果孩子有了焦虑情绪，父母又应该怎样做呢？下面就为你一一解答这些问题：

◎ 什么是焦虑

◎ 口吃和尿床是正常的吗

◎ 需要陪睡

◎ 担心做不好

◎ 总是被父母催促

◎ 分离焦虑：不想上幼儿园 / 上学

什么是焦虑

父母要想知道自己的孩子是否焦虑以及焦虑的程度，就要对焦虑情绪有足够的认识，并正确地看待孩子的焦虑情绪，帮助孩子走出这种不良情绪的阴影。

焦虑是一种本能情绪

焦虑是一种因为担心自己或亲人的生命安全、命运等而产生的一种情绪反应，它属于人的本能情绪。

俗话说："人无远虑必有近忧。"生活中不论是大人还是孩子都会面临各种各样的压力，所以当孩子出现了焦虑情绪也应该被理解。

适度的焦虑有利于激发孩子的动力，促使其更加积极地应对难题。例如，孩子在面对期末考试时可能会心跳加速，觉得很紧张，因为期末考试算是对一学期的学习情况的检查。孩子会非常重视期末考试，进而在考试过程中非常专注，会竭尽所能完成每一道题。相反，如果孩子不把考试当回事，一点焦虑情绪都没有，答题时总是东张西望，那么也就很难得到一个满意的成绩。因此，适度的焦虑对孩子是有利的。

孩子出现焦虑情绪后会紧张、担心，但也会察觉、认识自己。在此过程中，孩子会弄清楚自己想要的是什么，实现的途径和方式是否合理有效，进而做出改变，奔向正确的方向和目标。

因此，当孩子有了轻微的焦虑情绪，父母不要过分担心，因为它是一种本能情绪。父母能做的是理解孩子的感受，鼓励孩子借助这种情绪超越自我，促使孩子朝自己的目标奋力前行。

远离过度焦虑

适度的焦虑利于孩子的成长，而过度的焦虑则会给孩子带来不好的影响。过度的焦虑除了会给孩子带来不好的情绪体验，还会影响其正常生活。

例如，因为刚上小学，孩子还没有调整好作息时间，所以总担心自己睡过头而迟到，夜里会经常醒来看时间，导致睡眠质量很不好。久而久之，孩子不仅会出现情绪低落的问题，还会在课上无法集中注意力，甚至诱发身体疾病。因此，当孩子的焦虑情绪发展到很严重的程度且持续了很久，那就要引起父母的重视了。

过度的焦虑情绪会表现出莫名的担心，对未来的恐慌，在行为上可能会出现口吃、尿床、需要陪睡等问题。

可见，如果孩子过度焦虑，对孩子的负面影响是很大的。所以，父母一定要注意观察孩子的情绪反应，帮助孩子远离过度焦虑的情绪。

口吃和尿床是正常的吗

学龄前的孩子偶尔有口吃、尿床等问题还算正常，毕竟他们的语言功能和生活自理能力正处在完善阶段。只要父母抓住孩子在学龄前的关键期，科学纠正孩子的口吃、尿床问题，就可以让孩子逐渐改掉这些毛病。但是，如果孩子已经步入小学，还时常出现口吃、尿床的问题那就要引起重视了。

焦虑容易导致孩子口吃和尿床

对于孩子来说，口吃属于一种比较常见的语言障碍，而尿床则属于一种行为障碍。口吃的典型表现就是说话时出现言语中断、重复、不流畅等问题。尿床就是在睡眠状态中，在不知情的情况下将尿液排到了床上。

如果你的孩子经常出现口吃和尿床的问题，且排除了生理性与病理性原因，那么很可能与其焦虑过度有关。

例如，当孩子在讲话的过程中，父母总是不停地打断，试图矫正孩子的话语，甚至用恐吓的方式逼孩子说“对”，就容易让孩子紧张，不敢说话，说话时压力巨大，进而出现口吃。孩子在白天时受到了父母的责备，会一整天都非常焦虑，害怕再犯错，甚至在睡觉时也精神紧绷，睡着时容易做梦，可能分不清梦境与现实，进而出现尿床的情况。

用正确的方式帮助孩子摆脱口吃的问题

当父母发现孩子有口吃的问题时一定要采用正确的方式引导孩子，不要简单粗暴地指责或是逼迫孩子反复练习，否则会让孩子更加焦虑，适得其反。

父母要保持耐心，多与孩子交谈，让孩子不要有心理负担。当发现孩子的点滴进步时，要及时表扬，激励孩子继续努力。

父母可以多让孩子听一些声音优美、表达流畅、内容适合的语言。比如，为孩子播放一些适合孩子听的故事，待孩子听得久了，鼓励孩子模仿着讲出来。

父母在与孩子对话时要尽量放慢语速，表述清楚，引导孩子自然地表达。当孩子说不好时，也不要责备，而要适时鼓励孩子。

鼓励孩子多与人交谈，采取种种科学方法去训练孩子的逻辑思维能力和表达能力，当孩子逐渐敢于表达后，鼓励其当众讲话，锻炼孩子的胆量。

用恰当的方法改掉孩子尿床的习惯

当孩子发现自己尿床后一定会觉得羞愧，所以父母要采取恰当的方式来处理。

当父母发现孩子尿床后不要批评孩子，以免给孩子造成心理负担，反而变得更加焦虑。

早晨起床，晴晴发现自己竟又尿床了。这已经是开学一个月以来第三次尿床了。对此，晴晴感到既羞愧又懊恼。晴晴害怕妈妈知道这件事会指责自己，便对妈妈绝口不提。晴晴上学之后，晴晴妈妈在给晴晴叠被子的时候发现了晴晴的“秘密”，她默默地帮晴晴洗好床单，晾干床垫。

晚上，晴晴放学之后，晴晴妈妈并没有直接与晴晴谈论这件事。当晴晴看到妈妈为自己所做的一切后，非常感动。睡前，晴晴主动喊来妈妈，说自己想要和妈妈聊聊天。晴晴这才终于把自己最近的困扰说出来。原来，晴晴班级最近新转来一位很霸道的同学，经常欺负晴晴，导致晴晴每天都非常焦虑。当晴晴妈妈得知这件事之后，立即联系了晴晴的班主任老师和那位同学的父母。终于，经过沟通，那位同学做出了很大改变，也让晴晴的心情放松了许多。在这之后，晴晴再也没有出现过尿床的情况。

可见，当父母发现孩子有尿床的问题时，一定要保持理智，不要指责、抱怨，而要找到原因，再采取科学的方法帮助孩子改掉尿床的习惯。

比如，父母可以帮助孩子养成良好的睡前习惯，即在睡前少喝或不喝水。夜里，父母要及时唤醒孩子去卫生间，帮助孩子形成自主起来去卫生间的意识。

睡前，父母可以增加一些与孩子的互动，如聊天、讲故事，让孩子在放松的状态下入眠。

父母平时也要多与孩子交流、谈心，随时关注孩子的情绪波动，掌握孩子的情绪状态，帮助孩子健康成长。

需要陪睡

如果孩子年龄小，需要父母陪睡是可以理解的；但如果孩子已经十多岁，还要求父母陪睡那就要引起重视了。父母要分析一个十多岁的孩子还要求父母陪睡的原因，用科学的方法帮助孩子独自入睡。

孩子为何要求陪睡

孩子到了一定年龄的时候，就要慢慢与父母分开睡觉，这样既可以让孩子变得独立、自信，又可以给父母独处的空间。可是，有不少孩子深知自己的年龄已经不小，不应该再与父母睡在同一个房间甚至一张床上，但还是无法克服自己的恐惧心理等，仍然要求父母陪睡。对此，父母就要找出原因，让孩子接受要与父母分房分床睡的事实，帮助孩子迈出“独立”的第一步。

通常来说，孩子要求陪睡有两个原因。

其一，怕黑。孩子可能天生胆子比较小，想象力又很丰富，进而害怕黑暗，不想与父母分开睡。

其二，怕孤单。孩子觉得一个人躺在床上很孤单，没有父母的拥抱更难以入眠。

其实，不管是怕黑还是怕孤单，都源于孩子的安全感缺失。

与孩子分房睡的小技巧

如果父母意识到孩子已经到了该分房睡的年龄，那么就可以采取行动了。依赖父母的孩子一开始肯定很不习惯与父母分房睡，父母要采取科学的方法，让孩子能从心理上接受这件事，在行动上落实这件事。

首先，父母要选对时机，提前预热。儿童心理学研究表明，3 岁是儿童发展独立性的关键期，抓住关键期的行为能力培养，是指导孩子身心顺利健康发展的重要方式。父母要在孩子心情平和、生活没有很大变动时，要求孩子分开睡。另外，父母要事先告知孩子即将分开睡这件事，让孩子有一个心理准备，以免产生焦虑情绪。

其次，父母要为孩子布置一个适合独自睡的房间。比如，父母可以为女儿挂上其最喜欢的粉色窗帘，在床上摆放几个其最喜欢的毛绒玩具，在屋顶贴上可以发光的星空图案等；父母可以为儿子选一床带有其喜爱的动画形象图案的被子。这样，孩子在睡觉之前的心情就会很放松、愉悦。

再次，父母要安抚孩子睡前的情绪。如果孩子表明自己不想分房睡，父母先不要急着指责孩子，而要试着安慰和鼓励孩子，告诉孩子如果能自己睡，可以给一个奖励；父母要让孩子感受到，分房睡只是分开在两个房间睡，不代表从此不再关注他了；父母可以在睡前给孩子读读绘本，或者打开小夜灯，帮助孩子入睡。与孩子分开睡的初期，父母可以将两个房门都敞开着，让孩子觉得自己离父母很近，会始终守护着他。

读懂孩子

过早分房睡的危害

很多父母在孩子很小的时候就开始与孩子分房睡，他们觉得反正也是睡觉，分开睡也无妨。事实上，过早分房睡对孩子是有一定危害的。

其一，身体上的危害。在孩子很小时，如果被床上的物品挡住口鼻，很容易出现窒息；孩子夜里觉得热会蹬被子，但不会在冷时盖被子，就容易着凉。

其二，心理上的危害。总因为害怕而要整夜开灯，长大后也养成了睡觉要开灯的习惯，缺乏安全感；过分独立，任何事都要独立完成，长大后即便遇到困难也要硬撑着自己面对；与父母关系疏远，喜欢独处，不想与父母有太多的往来。

可见，面对分房睡的问题，父母不要操之过急，而要在孩子身体和心理都准备就绪之后再采取行动。

担心做不好

有些孩子总是担心自己做不好某件事，在完成任务的过程中也时不时地感到焦虑、压抑，乃至畏惧、逃避。如果你的孩子在平时也总是这样，那就要想办法帮助孩子解决这一问题。

担心做不好比真的做不好还可怕

孩子担心做不好其实比其真做不好还可怕，这主要体现在两个方面。

首先，过分担心说明孩子面对事情时容易悲观。这些孩子遇到任何事情都会觉得自己做不好，总是联想到坏的结果。一旦有了悲观的情绪，做事就失去了热情，更难以用积极的态度完成一件事。这样的孩子长大之后，一遇到困难就想着逃避。

其次，孩子过分担心做不好某件事说明特别在意别人对自己的看法。这样的孩子特别在意别人对自己的看法以及态度，不能接受别人对自己产生不好的印象。因此，为了能在别人心中有一定的“分量”，他们总会对别人有求必应。即便别人提出的要求很不合理，他们也宁可勉强自己，满足别人。显然，有着这种讨好型人格的孩子长大之后很容易受到伤害，并且又难以改变，会感到非常痛苦。

可见，这些总担心自己做不好的孩子所存在的心理问题非常值得引起父母的重视。

自信的孩子无所畏惧

父母应帮助孩子放松心态，远离焦虑情绪，帮助孩子成长为一个自信的人。而一旦拥有自信，孩子才不会总是担心这做不好那做不好，而是会无所畏惧、勇往直前。父母要培养孩子的自信心可以从以下几个方面入手。

其一，父母要给予孩子充分的尊重与信任。

父母对孩子的尊重会让孩子体会到自己是一个独立的个体。这样，他们才会更主动地去做一些事情。父母不要总觉得孩子小，怕他们做不好而不让他们做，这会剥夺孩子经历失败和体会成功的权利。久而久之，孩子也就失去了自我成长的最佳时机。因此，父母要充分信任孩子，鼓励孩子做事，要在必要时给予孩子肯定与表扬。

其二，父母要为孩子设定合理的目标。

父母要为孩子制订合理的目标。当然，在为孩子设定目标时也要讲究科学。一方面，父母不要为孩子制订超乎其能力的目标，否则容易让孩子受挫，进而失去信心；另一方面，父母也不要为孩子制订很低的目标，否则孩子会非常轻松地完成目标，进而会高估自己的能力，变得高傲自大。

其三，父母要善于发现并及时肯定孩子的优点。

父母要善于观察孩子身上的闪光点，并且及时给予肯定，让孩子更加自信。

其四，父母要鼓励孩子战胜困难。

“困难像弹簧，你强它就弱，你弱它就强。”当孩子遇到困难时，父母要多鼓励，让孩子正视困难，勇往直前，当孩子体会到了突破困境带来的喜悦后，就会更愿意挑战有难度的事情，进而变得越来越自信。

总是被父母催促

一些孩子还未养成良好的时间观念，所以在必要的时候离不开父母的催促。但是，父母在催促孩子时也要讲究“度”，否则很容易给孩子造成负面影响，使孩子产生焦虑情绪。

别把孩子“催”出了问题

有些父母性子急，看不得孩子做事拖拖拉拉，就会不停地催促。偶尔催促一下孩子确实可以让孩子快速完成当前的事情。但是，不停地催促孩子将会给孩子带来很多负面影响。

首先，不停地催促孩子会让孩子对父母产生依赖心理。

父母的催促会让孩子产生挫败感，从此对新鲜事物失去好奇心，有的孩子甚至渐渐失去主动性，总是等待父母帮助自己解决问题。比如，做作业时很马虎，不会思考；父母不帮忙夹菜、不切好水果就干脆不吃。如果这些孩子长大了，其独立性也会比较差。

其次，不停地催促孩子会让孩子出现焦虑情绪和逆反心理。

父母的催促会让孩子很有压力，使孩子倍感焦虑。另外，父母的催促还可能让孩子出现逆反心理。

通通自上学以来，从来没有迟到过，每天都是按时起床，按时吃饭和上学，放学了也是按时完成作业和睡觉，在别人眼中就是乖巧懂事的好孩子。殊不知，这些都是在通通妈妈的催促下完成的，起床要催、吃饭要催、上学也要催。在妈妈的催促下，通通确实养成了按时做事情的习惯，但也出现了严重的焦虑的情绪，一听到催促声就会害怕，甚至一个人会莫名地哭泣。

可见，通通妈妈的过度催促已经给通通带来了巨大的伤害。如果通通妈妈继续这样做，将可能让通通的焦虑情绪更加严重，甚至带来不可挽回的后果。所以，父母在催促孩子时一定要适度，以免给孩子“催”出了心理问题。

用提醒代替催促，孩子更能接受

当父母发现孩子做事总是拖拖拉拉、毫无头绪时，父母要保持冷静，别急着催促，不如用提醒来指引孩子，这会更容易被孩子接受。

催促容易让孩子感到焦虑，失去自主意识；提醒则会让孩子以较为平和的心态自主地做一些事情。父母的提醒能让孩子感到自己得到尊重，会变被动为主动，会在取得进步后为自己设定更高的目标，也会在失败后总结经验，重新再来。

因此，父母不要一遇到孩子做事慢、没规划就不停催促，而应该用提醒的方式来引导孩子自主来定该怎么做。

好习惯是“养”出来的，不是“催”出来的

孩子养成好习惯之后就会让父母轻松许多，而父母要想让孩子拥有好习惯，那就要科学地“养”，而不是“催”。具体来说，父母可以采取以下方法，帮助孩子养成好习惯。

其一，父母要培养孩子的责任心。

在孩子小时候，父母就要有意识地培养孩子的责任心。父母可以让孩子做一些如扫地、擦桌子等简单的家务活，让孩子体会到自己在家里是一个重要的个体。当孩子正在做这些家务时，父母要适时督促，让孩子学会持之以恒，学会认真做事，进而培养孩子的责任心。

其二，父母要教给孩子规划时间的正确方法。

当孩子能够合理地安排自己的时间时，就不需要父母的催促了。在家中，父母可以要求孩子在规定时间内完成一些事情。例如，规定孩子只能看 20 分钟的动画片，让孩子在两分钟之内穿好衣服等。如果孩子没有在规定时间内完成这些事，父母不要发脾气，要保持耐心，多鼓励，反复提醒。久而久之，孩子就形成了一定的时间观念。

当孩子有了责任心和时间观念，就会自觉地去完成一些事情，既不需要父母催促，也不用为此感到焦虑了。

分离焦虑：不想上幼儿园 / 上学

分离焦虑就是孩子因为与亲人分离而出现的焦虑、不安、不愉快的情绪。分离焦虑经常发生在刚上幼儿园或小学的孩子身上。如果父母不把孩子的情绪当回事，不采取相应的措施预防孩子出现分离焦虑情绪，不懂得舒缓孩子的分离焦虑情绪，将可能给孩子带来很大的伤害。

孩子为何会出现分离焦虑

只有弄清楚孩子因为什么而出现分离焦虑，才能预防和更好地应对孩子的这种负面情绪。

其一，生活习惯和规律骤然被改变。

对于刚上小学的孩子来说，他刚开始要面对的是不一样的生活习惯和规律。在上幼儿园期间，孩子每天以“玩”为主，会有舒适的午睡场地和充足的午睡时间，无须考虑太多学习上的事情，可以晚一会儿入园或者早一会儿离园，会得到老师们周到的照顾。而到了小学阶段，孩子就要以学习为主，不能迟到和早退，还要坐得住板凳，要独立完成吃饭、上厕所等事情。因此，孩子在入小学的初期很容易出现分离焦虑。

其二，没有熟悉的老师和同学。

孩子已经习惯了每天面对温柔的老师和可爱的同学，所以进入新的环境中会觉得陌生和害怕，生怕自己做得不好而受到老师的批评和同学的嘲笑。

可见，孩子出现分离焦虑是可以理解的。因此，父母要保持耐心，多引导，帮助孩子度过这样一个特殊的时期。

做好准备工作，让孩子尽快融入集体生活

父母在孩子上小学之前要做好准备工作，让孩子尽快融入集体生活，摆脱分离焦虑。

其一，安抚孩子，让孩子明白自己要学着长大。当孩子因为分离焦虑而哭闹不止时，父母要保持耐心，鼓励孩子，劝说孩子，让孩子学会自己长大。

其二，父母要引导孩子向往集体生活。例如，父母可以经常在孩子面前提到小学，告诉孩子接下来每天在小学可能会遇到的事情。父母可以用积极正面的话语给孩子描绘出学校的模样，如“老师很温柔”“饭菜很香”“教室很明亮”，让孩子急于参与到集体生活中。

其三，父母要培养孩子的生活自理能力，学会自己的事情自己做，

如可以自己如厕、自己收拾书包等。

其四，父母要鼓励孩子做力所能及的事情。家是孩子的港湾，父母是孩子的靠山，所以孩子很容易对家、对父母产生留恋与依赖。当孩子慢慢长大后，就应该独立起来，要减少对家、对父母的依赖。因此，父母要鼓励孩子在家做力所能及的事情，让其产生成就感，进而越来越自信。这样，孩子也会很轻松地融入新的环境，面对陌生的老师与同学时毫无压力。

其五，父母要教会孩子与人相处。父母要教会孩子与人相处，以使其更快地适应集体生活，享受与老师、同学在一起的时光。例如，告诉孩子要懂礼貌，学会谦让，与老师、同学建立良好的关系。

读懂孩子

孩子攻击性强，可能是分离焦虑惹的祸

有些孩子虽然进入幼儿园的时间较长，似乎早已适应了幼儿园的环境，却比一些刚入园的孩子更容易出现争吵、打架等问题，平时他们总是表现出很暴躁的样子，上课时不配合老师，面对老师的训斥还出口顶撞。他们与别的小朋友的关系也不好，总是因为争抢玩具、零食等和别的孩子发生矛盾，这让父母们很苦恼，还以为自家孩子天生性格暴躁。

其实，孩子攻击性强，可能是因为他们还没有彻底摆脱分离焦虑。对此，父母别忙着批评、责备孩子，而要多注意观察孩子的情绪波动，平时对孩子更耐心、温柔一点，帮助孩子建立更多的安全感。

教养攻略

深陷焦虑的孩子时不时地感到紧张、恐惧、担忧，无法用平和、积极的态度面对一切事情。父母要帮助孩子预防和摆脱焦虑，可以尝试做出以下努力：

◎ 引导儿童接受焦虑

◎ 接受孩子的平凡

◎ 关注儿童的体育锻炼

引导儿童接受焦虑

父母要清楚，孩子在某些时刻出现焦虑情绪是很正常的事情，所以不必为此而过分苦恼、担忧，要知道父母的紧张情绪会让孩子变得更加焦虑。父母要引导孩子接受焦虑，以平常心面对焦虑，这样才能更专注于做未来的事情。

焦虑的孩子更懂得保护自己

焦虑的孩子往往都特别有安全意识，他们深知哪些事情是绝对不可以做的。因此，在遇到问题时，他们首先想到的是要先保护好自己。例如，见到陌生人时不会轻易相信陌生人，更不会跟随陌生人走，也就不容易出现被骗、被拐的事件；在乘坐公交车之前会做好坐车的准备，如提前候车，带好零钱，站在安全的区域等车。父母可以告知孩子："懂得保护自己的孩子都特别棒。"引导孩子接受焦虑。

但是，如果孩子的焦虑情绪已经发展到一定程度，影响到了孩子的生活，那就要采取一些方法缓解孩子的焦虑。

焦虑的孩子更有上进心

焦虑的孩子一般都特别有上进心，不希望自己被落下，甚至总想争第一。父母要告诉孩子，有时候，适度的焦虑也是一种优势，可以帮助自己保持进取心，提醒自己时刻都要努力奋进，借此引导孩子接纳自己的焦虑情绪。

一旦孩子接受了自己的焦虑情绪，就意味着可以和自己和解，也就不会被焦虑所困扰。

接受孩子的平凡

大多数父母都希望自己的孩子能成就非凡，然而，每一个孩子的能力都是有差异的，所以也有着不同的未来。其实大部分父母自己也都是普通人，又何必强求自己的孩子一定要优秀过人呢？身为父母，要放平心态，接受孩子的平凡，帮助孩子成为平凡但不平庸的人。

允许孩子犯错

当父母发现孩子犯错或没做好某件事时，不要一味地批评、指责、埋怨，否则会挫伤孩子的自尊，让其感到自卑。自卑的孩子会觉得自己哪儿都不行，全盘否定自己，之后再做事情时就会没有信心。

父母要做的是在孩子做某件事之前，告知孩子可能会面临的问题，即便出现问题也要冷静对待，要用最恰当的方式解决问题，如果解决不了那就可以向父母或老师寻求帮助。

孩子不断地犯错，然后再及时纠正错误、积累经验，在这一过程中会变得越来越优秀。

当孩子遇到挫折时，父母要永远做孩子的后盾，鼓励孩子大胆地去尝试用自己的方法解决问题。

让孩子只和自己比，见证自己的点滴进步

父母不要总拿自己的孩子与别人家“优秀”的孩子比较，更不要毫不客气地揭露自己孩子的不足，这也会伤害孩子的自尊。久而久之，孩子会变得失去自信，觉得自己真的不行。

因为每个孩子的优缺点不同，所以父母不应该拿别人家孩子的优点和自己家孩子的缺点来比。即便自己的孩子在某方面不如别人，但在其他方面一定有闪光点。父母要善于发现自己的孩子的优点，鼓励孩子发扬优点，变得自信。

当父母发现孩子在某方面做得不够好时，要鼓励孩子努力改进，经过一段时间的调整，就会看到孩子的进步。

在父母的引导下，孩子就学会了凡事不要和别人比，而要跟自己比。这样，孩子会更加客观地评价自己，认识到自己的优势与不足，进而可以发扬自己的闪光点，弥补自己的不足。

关注儿童的体育锻炼

坚持体育锻炼可以让孩子的身体更强壮，也可以帮助孩子充分释放压力，预防焦虑。因此，父母要鼓励孩子多参加体育锻炼，成为一名身心都非常健康的儿童。

坚持体育锻炼，遇见更好的未来

父母要引导孩子坚持体育锻炼，这样才能遇见更好的未来。

坚持体育锻炼可以增强孩子各个器官系统的功能，让孩子的体格更加强健；可以让孩子发现自己的长处，从而变得更加自信；可以帮助孩子舒缓压力，以积极的心态面对陌生的环境，处理与他人的关系；可以让孩子克服不良的行为，变得更加乐观、向上；可以锻炼孩子的社交能力，懂得如何与人交往；可以增强孩子的适应能力，更快地融入新的环境中。总之，坚持体育锻炼对孩子的身心发展都有好处。

学会通过体育锻炼舒缓焦虑的情绪

父母可以在孩子小的时候让孩子多参与不同的体育运动，从中发现孩子擅长或喜爱的运动项目，并鼓励孩子发展这些运动项目。

随着孩子逐渐长大，父母可以鼓励孩子将体育锻炼当成一种爱好，并坚持这种爱好。这样，当孩子遇到一些生活或学习上的压力时，能够通过体育锻炼发泄不好的情绪，远离焦虑。例如，为了舒缓考试紧张的情绪，在备考间隙去打打篮球、跑跑步；在与朋友之间发生误会后，选择骑车、游泳等来释放自己的压抑情绪。

【写给父母】

不论孩子为何而焦虑，父母都要站在孩子的身边，帮助孩子度过艰难的时期。

父母要多鼓励孩子，告诉孩子：“不要怕”“没关系”“再试一次”等。

当孩子向父母袒露内心的焦虑时，父母要耐心倾听，并且做出相应的反应，表示理解、同情，让孩子可以释放出自己的压力。

父母要让孩子感受到来自家的温暖，遇到问题时互相安慰、呵护，不冷漠对待彼此，也不通过争吵解决问题。

家是孩子的港湾，父母则是港湾中的守护者。不管孩子遇到任何难题，都会第一时间想到父母。父母能给孩子的就是长久的守候与温暖的怀抱。

第七章

恐惧：和孩子一起勇敢面对

恐惧，是每个孩子与生俱来的一种情绪。虽然孩童的恐惧情绪可被视为一种警戒信号，但这种情绪同时也有着较大的反应效能，当它释放的能量过强时，就会对孩子的思维乃至行动都产生一定的影响，严重时甚至会影响孩子的身心健康。那些长期生活在恐惧中的孩子，很容易形成自卑懦弱的性格，害怕担当，习惯性退缩。

父母要正确应对孩子的恐惧情绪，准确判断，理性分析，同时给予孩子更多的关爱，和孩子一起战胜恐惧心理。

心理揭秘

儿童的恐惧心理是指儿童在成长发育过程中过度害怕某些事物的心理。你知道孩子究竟在怕什么，又为什么会感到害怕吗？要想帮助孩子走出恐惧阴影，使其健康成长，先要了解孩子产生恐惧心理的原因和表现：

- 害怕父母的数落
- 害怕被抛弃
- 害怕失败
- 学习太难了
- 对未知的恐惧

害怕父母的数落

面对父母的数落和指责，孩子多半会感到害怕。而每当父母恨铁不成钢地数落孩子时，其态度越严厉，就越会让孩子变得胆小，内心充满恐惧情绪。想要真正帮助孩子健康快乐地成长，父母一定要学会正确地引导孩子，改变不良的教育方式。

父母的数落会给孩子造成很多不良影响

父母的当众数落、责备，往往会使孩子产生很多不良心理，严重时，会影响孩子的身心发育。父母的数落对孩子产生的不良影响具体表现在以下两个方面。

其一，失去自信。

在孩子长大成人之前，他们的心智发育很不成熟，无法正确地认识和评价自己。当父母将否定的话挂在嘴边时，就会对孩子造成一种负面的心理暗示，在孩子心里刻下“我不行”“我没用”的印痕，导致孩子遇到任何事情都不敢尝试，经常陷入自我否定的状态。

其二，失去安全感。

对于孩子而言，父母是自己前行的灯塔，而家则是自己的庇护所，可是当父母因为一点小事就喋喋不休地埋怨孩子时，孩子对父母的信任会变得越来越低，直至彻底失去安全感。

9岁的小磊性格内向懦弱，平时妈妈对他的教育很是严厉，可让妈妈苦恼的是，似乎她越是批评、训斥小磊，小磊就越胆小，什么都不敢尝试，而且平时小磊也不太愿意亲近她。

一次周末，妈妈带着小磊出门游玩，一路上她对儿子关怀备至，一会儿提醒他过马路要来回张望小心车辆，一会儿告诫他不要吃太多冰激凌，免得闹肚子，但妈妈关怀的话语听在儿子耳朵里，却是那么的严厉与刺耳，叫他胆战心惊：

“说了多少遍了都不听，走路不看路，出事了怎么办！

你怎么这么任性，贪吃凉的小心回头闹肚子！

说你几句就不高兴，不许噘嘴了！”

听着听着，一开始还默不作声的小磊站在人来人往的街头突然号啕大哭起来，看到哭到全身发抖的儿子，妈妈心疼极了，却又忍不住呵斥了一句：“有什么好哭的，怎么这么没出息……”

案例中小磊的妈妈对儿子的爱是毋庸置疑的，可是她错误的沟通方法不仅对孩子的心灵造成伤害，还对亲子关系造成了负面影响。现实生活中，很多父母并不觉得自己是在数落孩子，他们只觉得孩子太小，缺乏生活经验，所以总忍不住提醒孩子去改正错误，指导孩子正确的做法，可因为太过心急，关心的话一出口就变成了责备和挑剔。

可对于那些生性敏感、胆小怕事的孩子来说，父母的数落、批评与指责的话语多一句，孩子内心的恐惧就多一分。久而久之，他们会变得越来越缺乏安全感，甚至惧怕父母，不敢亲近父母和依赖家庭。

采取恰当的引导方式来教育孩子

想要化解孩子的恐惧心理，塑造孩子勇敢坚强的性格，父母就应该给予孩子更多的爱和接纳。而不能只在孩子表现良好时笑脸相迎，一旦孩子表现不好就黑脸示人，埋怨个不停。

当孩子在学业上或其他事情上的表现低于父母的期望时，做父母的先不要急着去怪孩子，首先要反思自己为孩子设置的目标是不是太高，是不是远远超过了孩子的能力。要知道孩子的成长是呈曲线变化的，父母应根据孩子的表现和实际情况不断调整自己的预期值，帮助孩子不断进步。

当孩子不听话时，父母也别第一时间去教训孩子，先去弄明白孩子不听话的原因，读懂孩子内心在想什么，再根据孩子的言行去做出正确的回应，让教育事半功倍。

当孩子犯错时，做父母的千万不要想着去找孩子“算账”，要知道，不由分说的训斥、劈头盖脸的责骂和接二连三的数落，很容易让那些心理脆弱的孩子产生惧怕和抵触的情绪，这种情况下，孩子是很难听进去道理的，更别提改正错误了。科学的教育方法是循循善诱，采取鼓励和正向引导的方式去帮助孩子及时矫正自己的行为。

当孩子自我感觉良好时，他们才能走出自卑的阴影，远离胆小、怯懦带来的负面影响，自愿、自觉地成为更好的自己。

害怕被抛弃

在孩子所有的恐惧情绪中，害怕被家人“抛弃”是极其严重的一种，这种恐惧感会给孩子的心理产生极大的影响。如何安抚孩子的情绪，帮助孩子建构起强大的安全感，给孩子的内心注入满满的能量，是父母急需解决的问题。

杀伤力极强的“被抛弃”感

六岁的芬芬胆子特别小，平日里如果妈妈不陪着她，她就又哭又闹，时刻粘着妈妈。有时因为工作需要，妈妈会出差几天，在妈妈出差期间，芬芬的情绪会变得十分低落，不吃饭不睡觉，动不动就发脾气，让爷爷奶奶很是头疼。等妈妈一回家，芬芬就抱着妈妈怎么也不撒手，并哭着说：“我以为妈妈不要我了……”

年幼的孩子认知水平较低，心理发育尚未健全，在与父母建立亲密关系的过程中，一旦孩子内心产生“被抛弃”感，就会陷入无边无际的恐慌之中，难以健康成长。有的孩子可能会变得患得患失，时刻黏着父母，一旦父母不在身边就会情绪低落，甚至患上严重的“分离焦虑症”，独立自主能力差。而当这种“被抛弃”的恐慌感短期内无法消除，甚至愈演愈烈的时候，孩子也会变得越发自卑、焦虑，他们的内心被阴影占据，在以后成长的过程中就无法正确地应对各种人际关系，无法正常健康地与父母、老师、朋友相处。

不要用“撤回爱”去威胁孩子

“再这么顽皮，我就不要你了”“你是从垃圾桶里捡来的”“你乖一点，妈妈才爱你”……在所有的惩罚方式中，有一种方式最不可取，那就是威胁孩子如果不听话，就将爱“撤回”，甚至威胁孩子不听话就抛弃他，这就在孩子内心种下了一颗恐惧的种子。很多孩子的“被抛弃”心理，就来源于父母随意说出的一些话语。

另外，孩子的被抛弃感也可能来源于幼时没有得到足够的关爱，或者父母感情不好，日常的争吵伤害到孩子，等等。孩子的这种被抛弃的恐惧首先释放出这样一个信息——孩子对父母所给予的爱不够肯定，表示怀疑，他们心里可能始终萦绕着这样的问题：“爸爸妈妈真的爱我吗？”“我真的值得被爱吗？”

其次，这也是孩子畏惧心理加深的表现。孩子心里有了阴影，在生活中会变得越发畏首畏尾，不敢尝试，不愿意接受挑战。

孩子寻求什么，渴望什么，就说明他们缺少什么。孩子寻求的是爱，渴求的是被呵护、被保护，作为父母，可以从以下几点入手帮助孩子战胜恐惧，建构安全感。

其一，在孩子还年幼的时候，父母可通过与孩子进行亲密的肢体接触（抚摸孩子的头、亲吻孩子的脸颊）、给予孩子高质量的陪伴等方式，与孩子建立稳固安全的依恋关系。尤其需要注意的是，要对孩子的情感需求给予积极回应，比如当孩子哭闹的时候要及时安抚，用行动告诉他：“爸爸妈妈一直陪在你身边。”

其二，父母要多与孩子谈心，鼓励孩子打开心扉，和父母阐述自己的烦恼和心声。面对孩子成长过程中的每一次的不安、害怕、焦虑情绪，父母要及时给予安慰，而不要用成人的标准去要求孩子。父母唯有通过反复的行动去塑造一种在孩子看来无比安全、可靠的亲子关系，给孩子提供源源不断的、无穷无尽的爱的滋养，才能真正消除孩子内心深处的那种对于被抛弃的恐惧感。

读懂孩子

孩子过分懂事的背后，藏着深深的恐惧

生活中，有些孩子特别听话懂事，乖得让人心疼。孩子听话固然是好事，但过分听话的孩子似乎丢失了真实的自己，隐藏了内心真实的需求，这是因为他们始终处于被抛弃和不被爱的恐惧之中，才会小心翼翼地观察着父母的情绪，对父母的要求言听

计从。

面对过分懂事的孩子，父母要放下对孩子的苛刻要求，满足孩子爱玩爱闹的天性，同时要适时地对孩子表达自己的爱，当孩子有了更多的被爱的底气，也就敢于大胆地表达自我。另外，父母可以给孩子更多自己做主的机会，如给孩子更多的选择权和话语权，培养孩子的自信，锻炼孩子的自主能力。

害怕失败

孩子遇到点困难就逃避退缩，尽管父母百般鼓励，孩子却连动手尝试一下的勇气都没有。为什么孩子如此害怕失败？面对孩子对于失败的恐惧，父母应该如何引导？

孩子为什么害怕失败

孩子无法接受失败带来的后果，就会害怕失败，不敢尝试新鲜事物。从儿童心理学的角度分析，孩子畏惧失败的原因主要有以下几点。

其一，无法正确地认识自己、评价自己。

孩子认知能力不足，无法正确评估自己的能力，看到爸爸妈妈轻易便能做好一件事情，便觉得自己也行，一旦在尝试的过程中遭遇失败就很容易内心受挫。遭遇打击的次数一多便形成自卑的心理，轻易不敢迎接挑战。

其二，父母溺爱或过度打击。

有些孩子从小习惯了父母包办一切，很少独立去完成一件事，而父母的溺爱很容易使孩子养成敏感脆弱的性格，动手能力和抗挫折能力差。

另外，有些父母喜欢将自己的孩子与他人的孩子进行比较，习惯于将“别人家的孩子”挂在嘴边，言语中却对自家的孩子诸多打击和贬低，这会使孩子越来越自卑，并害怕尝试。尤其处于3—6岁这一阶段的孩子，他们对自己、对世界的判断单一、武断，遵从权威，父母对孩子的期望过高，评价却很低，就会打击孩子自信心，导致孩子产生害怕失败的恐惧感。

对“输不起”的孩子进行正确引导

面对“输不起”的孩子，父母可以参考以下建议对孩子进行正确引导。

其一，帮助孩子正确归因。

美国心理学家维纳在其著作《成就动机与归因理论》一书中提出，人们在总结失败的原因时需要将内因、外因结合起来综合考虑，而不能只进行内归因。这给予父母的启示是，在和孩子一起总结失败经验的时候，除了要引导孩子正视自身问题外，还要让孩子明白，做一件事成功与否取决于很多条件，比如运气、时机等，而不能将失败的责任都归结于自己“能力不行”等。孩子能够进行正确归因，才能正确地认识自己，坦然地面对失败的结果。

其二，注意疏导孩子的情绪，而不是只在意结果。

很多害怕失败的孩子，都有“唯结果论”的父母。孩子在面对新鲜事物或未知挑战时，可能会表现出脆弱、抵触等种种反常情绪，父母不要只看到孩子胆小畏惧、不敢尝试的一面，却忽视这背后的原因。这时候，父母要做的是及时安抚孩子，平复孩子的情绪并试图去理解孩子，和孩子共情，而不是高声大嗓地呵斥孩子，加重孩子的心理阴影。

其三，与其给孩子灌输“心灵鸡汤”，不如与孩子一起再尝试一次。

孩子不敢尝试，父母不如亲身示范，在鼓励孩子的同时，帮助孩子找到解决问题的办法，用实际行动促进孩子成长，如果在这一过程中遇到困难、遭遇失败，那更可以借此机会告诉孩子“困难是一时的，再坚持一下”“失败是正常的，再尝试一次”。父母的耐心多一点，孩子的成长之路就更加顺利。

读懂孩子

孩子害怕尝试，或许是被父母的不良习惯“传染”了

很多时候，孩子会继承父母的性格特色，“复制”父母的某些想法或行为。比如如果父母性格保守，习惯于待在舒适圈里，害怕遭遇失败，害怕犯错，不愿意接受新鲜事物，那么孩子也可能会被父母的坏习惯“传染”，做事缺乏自信，抗挫折能力差。

为了正确地引导孩子，父母可以在孩子害怕的时候和孩子坦承自己过去的失败经历，剖析自己的心路历程，并和孩子一起总结失败的经验教训。而在今后的人生中，父母也要给孩子做好榜样，教会孩子用乐观的态度迎接挑战并应对失败，通过言传身教的方式助力孩子成长。

学习太难了

很多父母聊起孩子的学习问题都会叫苦不迭，抱怨孩子恐学、厌学，考试成绩一次比一次差。为了孩子的学习，父母操碎了心，即便亲自辅导，似乎还是不能从根本上解决问题。要想彻底改变孩子学习上的畏难心理，不妨先深入了解孩子害怕学习的原因，对症下药，进而激发孩子的学习动力。

孩子为什么惧怕学习

惧怕学习的孩子通常有着这样的表现：提起上学就害怕，甚至想方设法地逃避上学；缺乏学习兴趣，一坐到书桌前就犯困；背负着过重的学习压力，整日郁郁寡欢等。那么，孩子的恐学心理是如何产生的呢？

其一，学习动机错误，缺乏学习乐趣。

很多父母只看重分数，甚至将自家孩子的分数作为炫耀和攀比的资本，却不关心孩子的学习过程，这令孩子只为了考个好成绩而学习，背负着过重的学习压力，无法享受学习本身的乐趣，求知欲也荡然无存。

其二，学习目标不明确。

很多孩子没有明确的学习目标，而许多所谓的理想与目标，仅仅只是停留在口头上，他们并没有深入思考过学习与目标之间具体要怎样实现转化，这就导致学习变得没有动力。

其三，学习环境不好。

很多父母一味地要求自己的孩子努力学习，在面对孩子的抗拒时，总是有说不尽的大道理，但自身却不能以身作则，反而一下班就抱着手机看视频，这极大影响了孩子的学习积极性。

如何激发孩子的学习兴趣和潜能

一旦孩子排斥上学，缺乏面对学习困难的勇气，就会想方设法地逃避学习。而想要激发孩子的学习兴趣和潜能，让孩子从恐学、厌学变成热爱学习、享受学习，父母们就要以身作则，做到以下几点。

其一，调整自己的情绪，给孩子创造好的学习环境。

父母需要调整自己对孩子的期望值，不给孩子过多压力，唯有自己情绪稳定，才能保证孩子情绪稳定。工作之余，父母不要只顾着玩手机，要多关心孩子的学习，给孩子提供整洁安静、井然有序的学习环境。

其二，帮助孩子树立一个学习的目标。

学习目标可以激发孩子无穷无尽的内驱力，凝聚孩子的学习兴趣。需要注意的是，这一目标不能太难也不能太简单，最好是让孩子“跳一跳”就能够得到。

其三，给予孩子阶段性反馈。

每当孩子完成了一个小目标时，父母就要积极给予反馈，用精神或物质激励的方式调动孩子的学习动力。父母的反馈要具体，而不能敷衍了事，比如“太棒了”“很厉害”之类的话语可换成具体的“这次你的默写只错了一题，比上次进步很多，很不错”等，细致具体地指出孩子方方面面的进步，能给予孩子更多成就感。

对未知的恐惧

孩子在成长过程中，很容易因受到环境的影响而在内心深处滋生出不安情绪，恐惧似乎如影随形。面对孩子对未知事物的恐惧，父母要帮助孩子纾解不良情绪，驱赶恐惧阴影。

孩子对未知事物抱有恐惧的原因

很多孩子都对未知事物抱有恐惧，比如有的孩子怕黑，不敢一个人睡觉；有的孩子怕小动物，见到猫猫狗狗就会哭闹；有的孩子害怕打针，不敢去医院；有的孩子怕见陌生人，不敢和陌生人打招呼；有的孩子害怕童书中的怪物等。虽然不同的孩子有不同的恐惧对象和表现，但在产生恐惧的原因上都有着一些共性，总结如下。

首先，大多数孩童天生想象力丰富认知能力却有限，很容易在不好的联想中积攒起越来越多的恐惧情绪，对未知事物更容易产生恐惧的心理。

其次，很多父母在孩子小的时候，为了让孩子更听话，总会利用各种各样的事物去“吓唬”孩子，比如有的妈妈喜欢对孩子说“你要是不乖乖吃饭，大灰狼就要来抓你了”，有的爸爸则吓唬孩子“再闹腾的话，我就送你去医院打针”，诸如此类的话加剧了孩子的畏惧心理。

另外，孩子害怕未知事物，可能是早先某些不好的经历给他们留下了严重的心理阴影。比如，孩子可能小时候被雷电天气吓到过，于是再也不敢一个人睡觉，每到睡觉的时候总吵着要爸爸妈妈陪在身边。

和孩子站在同一阵线，帮助孩子战胜恐惧

当孩子对未知的事物存在恐惧感时，父母要努力做到以下几点。

首先，要认识到这些恐惧情绪都是正常的，然后积极地去接纳、认可孩子的恐惧情绪，给他足够的安全感。尽量不要在孩子说害怕的时候表示质疑、不满，更不能嘲笑他胆小，说出“这有什么可怕的？”“别大惊小怪了，你就不能勇敢一点？”这类话，这并不利于建立健康稳定的亲子关系。

其次，积极和孩子沟通，了解孩子害怕的原因。比如，有的孩子每逢打雷暴雨就哭个不停，这是因为小时候雷雨天受到了惊吓而留下了心理阴影，父母只有先将孩子恐惧情绪的来源了解清楚，才可以通

过具体的安抚措施去慢慢消除孩子内心的恐慌和不安。

最后，帮助孩子提高对所害怕事物的认知。比如孩子害怕打雷，不妨在雷雨天气到来的时候耐心安抚孩子的情绪，和孩子解释雷雨产生的科学原理。平时可以和孩子一起阅读相关的趣味绘本，或开展有关雷电知识的趣味竞赛，父母和孩子进行抢答，通过做游戏的方式淡化孩子的恐惧，提高孩子的心智能力和认知水平。

教养攻略

美好、愉悦的家庭氛围和科学、正确的教养方式能帮助孩子摆脱紧张、不安、恐惧的情绪，逐渐建构内在的安全感。想要营造更好的家庭教育氛围，父母需要做到以下几点：

◎ 换位理解

◎ 亲子阅读

◎ 适时安慰与拥抱孩子

◎ 帮助孩子认识分离与死亡

换位理解

孔子说“己所不欲勿施于人”，身为父母，在教育孩子的过程中一定要习惯于站在孩子的角度去考虑问题、看待世界，可以说，学会换位理解，修炼与孩子同理、共情的能力，是父母一生的必修课。

换位思考是父母人生的必修课

父母无法学会换位思考，长期忽视孩子的感受，一定会影响与孩子之间的沟通，给亲子关系埋下无数隐患。

娜娜即将告别小学，升入初中，每当娜娜想到自己必须离开熟悉的环境去往一个陌生的环境、结识陌生的人便恐惧不已，甚至忍不住哭泣。对此，娜娜的妈妈却很不理解，看到娜娜哭得伤心的样子，她却认为这是孩子太胆小、太矫情，便训斥娜娜要勇敢一点。而父母的不理解，也使得娜娜在小升初的关键时刻变得越发内向自卑起来。

案例中娜娜的妈妈不愿意设身处地去理解女儿的感受，却将女儿真切的恐惧视为“矫情”“懦弱”的表现，严重伤害了女儿的情感。很多时候，父母与孩子之间的矛盾都起因于父母和孩子身份、立场不同，互相之间难以理解。父母眼中的平常，却是孩子心中沉重的负担。

父母若尝试代入孩子的眼光去看待世界，很多亲子矛盾便迎刃而解。然而，现实生活中阻碍父母换位思考的，是所谓的“父母权威”，是“自上而下”“说一不二”的教育方法。父母若不把自己与孩子摆在平等的位置上，设身处地地去理解孩子的处境，尊重孩子的情感与选择，真正学会换位思考，就很难得到孩子的尊重和爱戴。一旦负面情绪累积，很容易引起孩子的逆反心理。

这样做，才是真正的换位理解

很多父母总是将理解挂在嘴边，却无法真正地换位思考。为什么换位思考这么难执行？主要是没做到以下几点。

其一，学会倾听，而不是单方面说教。

在与孩子相处的过程中，父母要扮演好倾听者的角色，引导孩子说出自己真实的感受，在这一过程中，父母会变得越来越了解孩子，也更容易收获孩子的尊重。

其二，主动示弱。

父母未必一定要在孩子面前永远保持强者的形象，很多时候不妨主动向孩子展现自己的脆弱，多表达自己对孩子的担忧，让孩子明白自己这样安排的缘由，在教导孩子换位理解父母的同时，也通过和谐的亲子沟通变得更能理解、包容孩子。

其三，代入童年的自己。

在孩子做出自己不理解的行为的时候，想象一下，如果是当年那般幼小的自己，会做出怎样的反应。可以运用这种积极代入童年的自己的方式去感受孩子内心的想法，而不要总是以一个成年人的目光去看待孩子遇到的问题，随意给孩子贴上“胆小鬼”的标签。

亲子阅读

亲子阅读，就是以阅读为桥梁，令父母与孩子共同分享阅读趣味的过程。而亲子阅读也是有效提高孩子认知、消除孩子恐惧心理的良好方式之一。在父母与孩子共读一本书的过程中，父母为孩子提供了珍贵的、高质量的陪伴，经过父母的科学引导，孩子的阅读兴趣会变得越来越浓厚，思维能力和表达能力都得到了锻炼。

需要注意的是，在亲子阅读的过程中，需要注意以下事项。

其一，要想取得更好的效果，不妨有针对性地选择高质量的图书，比如对于3—6岁的孩子而言，可选择治愈系的精美绘本或其他形式的趣味童书等；对于稍大一点的孩童而言，可以选择文字多一点、绘图相对较少的书籍。总之，要根据不同年龄段的孩子的阅读兴趣、认知能力去选择亲子阅读的书籍。

其二，在亲子阅读过程中，父母要付出更多的耐心。孩子的阅读速度一定比不上成人，父母不要时不时不耐烦地催促孩子“快点看”，面对孩子提出的各种稀奇古怪的问题，也要耐心解答。

其三，父母不要把亲子阅读当作一项任务，将负面、压抑的情绪传递给孩子。其实，父母若能真正投入其中，也能收获很多乐趣，在亲子互动时光中收获孩子满满的爱，在工作之余放松疲累的身心。

适时安慰与拥抱孩子

当孩子陷入恐惧情绪的时候，父母不要一味向孩子强调“勇敢一点”，其实，孩子这时候是很脆弱敏感的，他们最需要的是得到父母的认可、鼓励、关爱及呵护，让他们感受到那种发自内心的温暖。适时的安慰与拥抱能帮助孩子建立安全感，降低其恐惧的程度。

父母的安慰要及时、耐心、温柔

孩子在遭受惊吓时，父母及时的安慰也能帮助孩子冷静下来。然而，很多父母在安慰孩子的时候总是不自觉地犯以下错误。

其一，不痛不痒型。“你看，狗狗很可爱嘛，又不咬人，不可怕的。”“勇敢地跳下来，这里一点都不高。”当你轻描淡写地说出“别怕”，忽视孩子的真实感受的时候，你的安慰很难真正起到作用。

其二，掌控型。“乖，自己关灯，闭上眼睛，睡着了就不怕了。”孩子怕黑是天性，父母强迫孩子去锻炼胆量，很可能会使孩子更加紧张乃至情绪崩溃，从此更害怕黑暗。

孩子感到害怕时，父母首先要及时安慰孩子，用言行告诉孩子“爸爸妈妈永远是你坚强的后盾”，这能给孩子带来极大的心理安慰。给予孩子抚慰的过程中，父母一定要足够耐心、温柔、坚定，逐步引导孩子去释放不良情绪。父母稳定的情绪、良好的示范也将给孩子树立积极的榜样，有助于培养孩子的好习惯。

拥抱对孩子的重要性

美国心理学家哈罗所做的亲子依恋实验证明，对于孩童而言，父母温暖的怀抱是其安全感的来源，亦是亲子依恋关系形成的必要因素。

其他科学研究也表明，经常拥抱孩子对孩子的大脑发育能起到良性刺激的作用，并极大地提升其智能的发展。相反，如果在孩子恐惧时不理不睬、大声训斥甚至冷嘲热讽，就一定会加剧孩子的负面情绪，减少或降低孩子对父母的信任感和对家的归属感。

梅梅出生在一个富足的家庭里，她的父母都是知名的医生，为了培育梅梅耗费了很多心血。他们给梅梅提供了优渥的生活条件和良好的教育氛围，在外人看来，13 岁的梅梅成绩优异，多才多艺，应该过得很幸福，然而，梅梅自己却开心不起来。

原来，梅梅的父母为了培养孩子独立自主的性格，从小到大都拒绝过于亲近梅梅，甚至从来不拥抱梅梅。正因此，梅梅时常觉得孤单，越来越沉默寡言。虽然她对父母言听计从，心理上却感觉离父母越来越远。

梅梅之所以觉得孤单，是因为她在最需要拥抱的孩童时期却频频遭受拒绝与打击，一旦这方面的情感需求得不到满足，就很容易令她缺失安全感。有时候，父母拒绝拥抱孩子，相当于给孩子的心里种下了一颗质疑爱、拒绝爱的种子。可见，父母千万不要忽视拥抱的重要性，亲子关系中，一个温暖的拥抱很多时候会胜过千言万语。

对于孩子而言，父母真挚的拥抱能驱散他们心中的阴影，帮助他们健康快乐地成长。

帮助孩子认识分离与死亡

对于成人而言，生离死别是人生之路上必然会经历的“课题”，然而对于孩童而言，分离和死亡都是他们暂时无法理解和接受的，很多对于未知变化的焦虑与恐惧也因此而生。为了帮助孩子更好地成长，对抗恐惧，父母有必要对孩子进行正确的分离或死亡教育。

首先，对孩子进行有效的分离教育。很多孩子都害怕和父母、亲人分开，当他们离开熟悉的环境去往陌生的环境时，很容易产生不安、紧张等种种不愉快的情绪。最典型的是每年到了开学季，会有很多孩子在幼儿园里或小学校园里哭得撕心裂肺，如何缓解孩子的分离焦虑，是令很多父母头疼的问题。

其实，父母可以在孩子上学之前就为接下来的“分离”做好准备，比如在平时就为孩子提供独处的空间，培养孩子独立自主的能力；带孩子提前熟悉陌生的环境，帮助孩子做好分离准备；让孩子带着熟悉的、喜欢的玩具去陌生的环境等。如果父母因为工作需要暂时离开孩子，可以和孩子说明离开的原因，带着孩子一起去整理行李，和孩子一起制作分离时间表等，这些措施都能有效降低孩子的分离焦虑。

其次，对孩子进行正确的死亡教育。很多父母面对孩子关于死亡的疑问时，要么对死亡进行“美化”，要么回避孩子的问题，这其实会进一步加深孩子对于死亡的畏惧与误解。正确的做法是用客观、具体的事实对孩子的问题进行诚实的回答。

父母可以带着孩子去观察自然界的植物，告诉孩子所有生命都会经历生老病死的历程，这是再自然不过的事情。通过花的凋零、叶的泛黄飘落等自然现象将死亡这一课题平常化、正常化，同时教导孩子尊重生命，这样才能有效化解孩子心中的恐惧，并使他们逐渐认识到生命的珍贵与伟大。

【写给父母】

孩子产生恐惧情绪具有多方面的原因，而这种恐惧情绪如果得不到及时、有效的发散和疏解，就很容易给成年的自己留下阴影和困扰。作为父母，要和孩子站在同一阵线上，帮助孩子战胜恐惧心理。

父母需要帮助孩子建立自信，尤其是在孩子经历挫折和失败时，更要做孩子最坚强的后盾，而不是没完没了地唠叨、数落孩子。

父母应该在孩子说“我怕”的时候一直陪伴在孩子身边，适时安慰孩子，给孩子一个温暖的怀抱；在孩子说“太难了”的时候耐心地鼓励孩子，给孩子示范正确的做法，和孩子一起动手再尝试一次。

父母需要学会换位思考，设身处地地理解孩子的情感，努力倾听孩子的心声，并给予孩子更多的信任与肯定。

第八章

用爱呵护儿童健康成长

教育家苏霍姆林斯基曾说：“教育技巧的全部奥秘也就在于如何爱护儿童。”

被爱呵护成长的儿童，就好像沐浴在阳光中的花朵，爱让儿童感受到安全和温暖，在爱的滋养中成长起来的儿童更自信、更勇敢，更能坦然面对困难。

怎么做才能让爱的作用最大化，让孩子充分感受到父母的爱呢？正面管教，摒弃偏见，避免语言暴力，构建和谐幸福的家庭，这些都能让孩子体会到父母的爱。感受到爱的孩子才能在人生道路上不畏困难，勇敢前行。

心理揭秘

用爱呵护的儿童才能够健康成长，你知道怎样做才是真正的爱孩子吗？过度的爱容易造成溺爱，不足的爱让孩子缺少安全感，如何把握才能给予孩子适度的爱呢？了解以下几个方面的内容，让你爱得更加从容：

◎ 帮助孩子认识家庭关系

◎ 多胎家庭中，孩子的角色认知

◎ 特殊的家庭成员——宠物

◎ 爱的疑惑：爸爸妈妈真的爱我吗

帮助孩子认识家庭关系

家庭关系对孩子的成长至关重要。良好的家庭关系中，夫妻和睦，兄弟姐妹友爱，家庭齐心，处于这样的家庭关系中的家庭成员能够感受到安全与爱，孩子在这样的家庭关系中成长能够保持身心健康，养成良好的性格和生活习惯。

家庭的核心关系

家庭关系中包含多种关系，如亲子关系、夫妻关系、祖孙关系、同胞关系等，其中夫妻关系和亲子关系是家庭中的核心关系。

家庭关系是孩子来到这个世界上融入人类社会所需要处理的第一种人际关系，夫妻关系和亲子关系对孩子的成长具有重要影响，良好的夫妻关系为孩子提供温暖、有爱的家庭氛围，和谐的亲子关系让孩子充分感受到来自父母的爱。父母在家庭教育中要利用多种机会帮助孩子认识家庭关系。

为什么要认识家庭关系

帮助孩子认识家庭关系能够让孩子更好地处理自己与其他家庭成员之间的关系，让家庭氛围更加和谐，对孩子的成长也有很多好处。

首先，认识这些关系能够让孩子更好地理解家的含义，了解家庭成员之间的关系，体会家族概念。童谣《家族歌》将大家庭的成员关系很好地展现了出来，了解了称谓的含义，孩子通过称谓就可以了解家庭成员之间的联结关系。

其次，家庭关系中的亲子关系体现了我国长幼有序的传统道德观念，孩子了解这种关系能更好地理解父母为何尊敬长辈、孝敬老人，有助于从小树立孩子尊老爱老的道德风尚。

最后，孩子通过了解与兄弟姐妹之间的同胞关系，可以更好地与兄弟姐妹团结互助，形成有爱的家庭氛围。“融四岁，能让梨，弟于长，宜先知。”孔融从小就知道将梨让给兄弟，而这一点正是建立在了解家庭关系的基础之上。

多胎家庭中，孩子的角色认知

在多胎家庭中，兄弟姐妹之间的同胞关系更多的是一种平等的关系，这种关系让孩子之间相处起来更加轻松、愉快，一些孩子因为有兄弟姐妹的陪伴而增添了很多欢乐。

在多胎家庭中，父母要照顾到每个孩子的感受，让孩子明白自己在家庭里的角色，了解彼此之间的关系，能够让孩子之间和谐相处，形成兄友弟恭的和睦氛围。

兄弟姐妹之间，哥哥（姐姐）常常是弟弟（妹妹）的模仿对象，因此哥哥（姐姐）要以身作则，为弟弟（妹妹）树立良好的榜样。弟弟（妹妹）要向哥哥（姐姐）学习，并尊敬哥哥（姐姐）。

多胎家庭中的父母在教育孩子时，要培养孩子之间相互协作、友爱、乐于分享的相处模式，促进家庭和谐。

读懂孩子

孩子突然变得很黏人，是希望获得父母的关注

一些家庭中，小宝出生后，已经独立的大宝会突然变得很黏人，并对小宝充满敌意，为什么会出现这种情况呢？

这是因为小宝的突然到来会让父母不得不付出很多时间和精力在照顾婴儿上，一向独受宠爱的大宝突然被小宝分走了本属于自己的关爱，心理难免产生落差和不平衡，而黏人的表现正是大宝对于这种心理落差的外在反应，大宝正是通过黏人这种方式来获取父母的关注。

家中新添小宝对大宝来讲是一件十分重大的事情。父母如果没有对大宝提前进行心理建设，会让大宝难以适应，所以父母应当采取一定的方法来帮助大宝顺利地适应小宝的到来。首先，在小宝出生前提前为大宝做好心理建设，让大宝参与到小宝的孕育过程中。其次，不要一味地让大宝让着小宝，可以适当地偏向大宝。最后，在照顾小宝的过程中，增强大宝的参与度。

特殊的家庭成员——宠物

生活中，有很多家庭饲养宠物，饲养宠物能够增强孩子的责任感和同理心，利于提高孩子的身心健康，儿童与宠物之间的亲密关系对儿童社会性的发展也产生着潜移默化的影响。

照顾宠物可增强孩子的责任感和同理心

同理心体现了一个人的共情能力和换位思考能力，同理心强的人可以将自己代入对方的处境之中，体会对方的情绪和感受。

家有宠物的孩子通过给宠物喂食、给宠物洗澡等活动，更早地参与照顾除自己以外的其他生物，这无形中增加了孩子的责任感。

动物无法通过语言与人类交流，因此孩子在照顾宠物时需要理解宠物的情绪，考虑宠物的需求，不能以自我为中心，这有助于培养孩子站在他人立场理解他人的情绪。同时，由于宠物能够陪伴主人，因此照顾宠物的儿童可能更愿意表达自己的情绪。这些都为增强孩子的同理心提供了基础。

宠物会有生老病死，通过面对宠物的生老病死能够让孩子更好地面对人生中可能会面对的类似问题。宠物饲养为孩子带来很好的生命教育，让孩子能够更加珍爱生命。

饲养宠物利于促进儿童社会化的发展

人为了适应社会而产生的心理以及行为特征体现了人的社会性。儿童在适应社会的过程中需要掌握多种能力，如基本运动技巧、语言能力、生活自理能力等，在社会化的过程中，儿童的自我概念、亲社会性倾向和日常生活能力逐渐增强。

宠物需要主人的照料，因此与宠物关系密切、经常照顾宠物的儿童，更能感受到被需要的感觉。儿童在照顾宠物的过程中能培养乐于分享、关爱他人的优秀品质，同时通过与宠物互动能增进儿童的社交能力，减少孤独感，从而促进儿童社会化的发展。

需要注意的是，一些过敏体质的孩子可能不适合饲养某些宠物，这样的家庭在养宠物之前最好先向医生进行咨询。

爱的疑惑：爸爸妈妈真的爱我吗

大部分父母在养育孩子的过程中都付出了很多，但是即便如此，也能从一些孩子的嘴里听到类似“爸爸妈妈不爱我”这样的话，为什么孩子会有这样的感觉呢？

孩子为什么觉得父母不爱自己

心心是一个内向、文静的小女孩，平时喜欢做手工、观察花草，不擅长沟通、交际和表现自己，不敢在公众场合讲话。心心的父母认为社交十分重要，社交能力强的人将来在学习和工作中能更有优势，因此从小就给心心报各种培养这方面能力的课外班，如口才课、演讲课、主持人课等，还让心心参加各种演讲比赛。这些课程都不是心心喜欢上的，心心向父母表达过自己的不满，但是父母每次都说：“这样做是为你好。”

久而久之，心心的内心感觉越来越压抑，对父母的爱越来越怀疑，越来越不愿意跟人交流，老师跟心心的父母沟通，说心心在学校越来越孤僻，心心的父母这才意识到问题的严重性。

父母在育儿的过程中，很容易按照自己的想法去教育孩子，用自己的方法去对孩子“好”，却忽略了孩子的情绪和感受。如果父母只是站在自己的角度去为孩子做安排，无法站在孩子的角度去感受孩子的情绪，就无法理解孩子的喜怒哀乐和想法，久而久之，孩子会向父母紧闭心门，与父母之间形成一道无形的鸿沟，导致无法沟通交流，让孩子会进一步怀疑父母对自己的爱。

让孩子感受到父母的爱

父母在教育孩子的过程中要考虑孩子的情绪和感受，当孩子表达自己的不满时父母要设身处地地去思考和理解孩子不满的原因，这样才能让孩子感受到父母的爱，父母在具体执行时可以参考以下一些建议。

其一，多沟通，站在孩子的角度了解孩子的情绪。

孩子往往希望有人能够跟他们一起分享内心的感受，例如，孩子在比赛中得了第一名时，他们希望有人跟他们一起庆祝，这时父母要肯定孩子的付出，真心为孩子感到高兴，而不可敷衍了事；孩子丢失了心爱的玩偶时，希望能够有人安慰他，这时父母要扮演好倾听者和分享者的角色，尝试将孩子的情绪表达出来："你丢失了心爱的玩偶一定特别伤心。"然后再给孩子一个安慰的抱抱，孩子感受到自己的情绪被理解了、被接纳了，可能很快就能从伤心的情绪中走出来。

其二，提供高质量的陪伴，与孩子一起成长。

一些父母常常抱怨："每天都要应酬，哪有时间陪孩子？""上班已经很累了，下班真想好好休息一下……"父母由于工作或其他原因可能无法常常陪伴孩子，久而久之和孩子之间的感情越来越疏远。其实，父母对孩子的陪伴不在于时间的多少而在于陪伴质量的高低。如果父母上班比较辛苦，那么下班以后可以通过跟孩子聊天来了解孩子一天的情况，这种方式既不累，也能让孩子感受到自己被关注。如果父母平时工作比较忙，那么也可以抽周末或节假日的时间与孩子一起健身、游戏、旅行等，与孩子一同成长。

有效的沟通、高质量的陪伴，能够让孩子感受到父母在辛苦工作的同时也在尽心照顾着自己，能够让孩子充分感受到父母对自己的爱。

读懂孩子

孩子为什么缺乏主见？

我们会发现一些孩子好像对什么事情都没有自己的主见，父母怎么安排他们就怎么做，问孩子意见，孩子就说"都行"。这样的孩子固然听话懂事，却缺乏主见，凡事都听父母的，遇事常常没有自己的主意。

孩子在成长的过程中会接触很多人，遇见很多事，这些对孩子来说都是考验，是让孩子成长的机会。一些父母太过疼爱孩子，担心孩子做不好就自己为孩子代劳，为孩子做决定，久而久之，孩子的判断力和行动力都无法得到锻炼，自然就缺乏主见。作为父母，要让孩子切实感受到父母的爱，但爱也要适度，不能因为爱孩子就对孩子的事情全权包办。

“父母之爱子，则为之计深远。”父母爱孩子，就要为孩子的未来做打算，就要让孩子自己多尝试、多探索，形成自己的主见，父母要做的就是正确引导和鼓励。

教养攻略

父母都想将全部的爱倾注到孩子身上，但是在教育孩子的过程中，只有爱而没有正确的方法，只会让父母在育儿的道路上寸步难行。接下来就看一看成为合格父母的教养攻略吧。

◎ 爱妻子 / 丈夫，给孩子树立爱的榜样

◎ 正面管教

◎ 拒绝偏见

◎ 拒绝语言暴力

◎ 与养子女、继子女的相处之道

爱妻子 / 丈夫，给孩子树立爱的榜样

言传身教是最好的教育方式，父母想要用爱呵护孩子健康成长，让孩子学会爱，接受被爱，首先要做的就是爱自己的另一半，给孩子树立爱的榜样。

家庭是孩子生活时间最长的成长环境，孩子在家庭环境中与父母朝夕相处，父母的一言一行都潜移默化地影响着孩子。如果父母关系融洽，琴瑟和鸣，则会让孩子在家庭中感到轻松自在，给孩子带来很大的安全感，孩子在这样的环境中成长常常能表现出自信、情绪稳定等性格特点。相反，如果父母之间经常冷言冷语、恶语相向、动不动就吵架甚至动粗，则孩子在家庭环境中容易感到紧张、压抑，可能会造成易怒、自卑或固执等性格问题。

夫妻关系和睦对孩子的健康成长有着莫大的影响，它不仅会影响孩子的性格发展，还会影响亲子关系，以及孩子成年后的家庭相处模式。

一些父母感情不和，但是双方都很爱孩子，在夫妻关系上的失败让这样的父母将更多的情感倾注到孩子身上，对孩子产生过度的爱。过度的爱如果体现为过高的关注和期待，则孩子容易有更高的压力；过度的爱如果体现为过度的宠溺，则孩子可能会以自我为中心，无法摆正自己的位置，无论是哪种情况都会影响亲子关系的和谐。

夫妻关系还会影响孩子成年后的婚姻观和家庭观。孩子的思维方式、对待感情和婚姻的态度都受到原生家庭的影响，父母之间的相处模式无形中影响着孩子，孩子成年后的婚姻模式可能就是父母婚姻模式的复刻。

因此，爱自己的另一半，不仅能收获幸福的婚姻、和谐的亲子关系，还能让孩子在爱的氛围中成长，这样孩子长大后才能坦然地付出爱并接受被爱。

正面管教

阳阳是一个六岁的小女孩，爸爸答应阳阳周末要带她去公园玩儿，可是到了周末爸爸临时有一个会议要参加，无法陪阳阳出门，阳阳很伤心，大哭起来。爸爸本来就因为突如其来的工作而心烦，阳阳一哭，爸爸心情更烦躁了，对阳阳发脾气道："哭什么哭，都多大了还这么不懂事，说了下周带你去你还哭……"爸爸的训斥虽然制止了孩子的哭声，但是阳阳内心却更受伤了。

这是一个几乎每个家庭都可能会遇到的案例，很多父母对待孩子的哭闹时就像案例中的爸爸那样，一味地埋怨孩子不懂事，却没有站在孩子的角度去理解和宽慰她的伤心，爸爸的训斥一时制止了阳阳的哭泣，看似有效果，但是淤积在孩子内心的情绪却没有得到排解，长久下去，父母在孩子心中的威信逐步降低，父母与孩子之间的鸿沟越来越深，孩子的情绪积累到一定程度最终仍会爆发，到那时父母再想解决问题会十分困难，教育进入恶性循环状态。类似这样的问题如何处理才能让教育回归良性循环，让孩子越来越愿意听父母的话呢？我们需要做的是正面管教。

什么是正面管教呢？正面管教，即采用一种正面的态度（避免惩罚），对孩子进行正面鼓励、引导，调动孩子身上积极向上的因素，让孩子变得自觉、讲理、友善，促使教育进入良性循环。正面管教虽然避免惩罚，但也不能娇纵，它需要家长营造和谐而坚定的氛围，疏解孩子的情绪，培养孩子自己解决问题的能力。

如何进行正面管教呢？在阳阳的案例中，我们可以采用以下方式进行正面管教。

其一，尝试说出孩子的感受，让孩子感到被理解。

父母首先可以抱抱阳阳，然后对阳阳说："爸爸不能带你去公园玩儿，你现在很伤心是吗？"孩子感到被理解后，可能会哭得更厉害，这表示孩子在释放情绪，哭过后，负面情绪就不会积压在孩子心里。

其二，与孩子共情，建立情感连接。

孩子情绪得到释放后，父母可以接着说："我小时候遇到别人爽约也会感到很伤心、很委屈。"与孩子共情，可以让孩子感受到被接纳，迅速与孩子建立情感连接，直接增强孩子对父母的信任感。

其三，采用启发式提问关注并解决问题。

孩子的情绪平和一些后，父母可以通过提问帮助孩子解决问题："爸爸现在要工作，这个事情已经无法改变了，那么现在能做些什么让你感觉好一些呢？"

通过提问让孩子说出她的多个解决方案，对于孩子提出的解决方案，如果无法满足，则要语气平和地给孩子分析方案存在的问题，并提出备选方案供孩子选择，孩子有了合适的解决方案自然就不再纠结于之前的问题了。

拒绝偏见

为什么父母会对孩子有偏见

可能你会产生疑问，如果父母爱孩子，怎么会对孩子产生偏见呢？可事实上，很多父母在不知不觉地带着偏见与孩子相处。例如，小明酷爱制作手工，他的手工很有创意，老师和其他家长都对小明赞许有加，但小明的父母却觉得小明最重要的任务是学习，做手工是“不务正业”，把时间都“浪费”在了手工上，学习不好，将来不会有出息，对小明做手工的爱好并不支持。父母对小明所采取的否定态度对小明来讲是一种不公平的待遇，归根结底就是一种偏见。

为什么父母会对孩子有偏见呢？可以归结为以下三点原因。

其一，对孩子不够尊重。

一些父母认为自己在孩子面前应该有绝对的权威，孩子天然应该服从自己，这样的父母可能无法做到像尊重成年人那样去尊重孩子，当大人产生情绪时，就容易将情绪发泄到孩子身上，从而产生偏见。例如，父母因为送孩子而导致上班迟到被领导批评时，父母就会将迟到的原因归结到孩子身上，这就是一种偏见，因为如果家长能够提前将时间规划好，迟到是可以避免的。

其二，对孩子有“追求完美”的心态。

一些家长会拿自己孩子的短处跟别人家孩子的长处去比较，这样一来孩子在家长眼中就是一个缺点多多的孩子，自然会对孩子产生偏见。比如，孩子比较安静，家长就嫌孩子不爱运动，孩子话少，家长就嫌孩子不擅交际。其实，每个孩子都有自己的特长和闪光点，作为家长要看到孩子的优点，鼓励孩子进步，如果总是细数孩子的不足，难免会让孩子产生自卑的心理。

其三，采用激将教育。

一些家长利用孩子的逆反心理，故意对孩子表示偏见，例如为了让孩子跳绳能力提高，父母故意说：“我觉得你一分钟跳绳肯定跳不了 100 下。”孩子为了自己的自尊和在父母面前表现自己，可能真的就努力达到了父母预定的目标，这固然可以激发孩子的潜能，可是如果长期利用激将教育，父母故意对孩子表示偏见，让孩子以此为动力去努力，可能会使孩子将来无法面对失败，失去自驱力，对孩子的长远发展不利。

摒弃偏见，助力孩子健康成长

偏见对孩子的成长十分不利，长此以往，孩子会变得内向、不自信，同时，孩子受父母的影响，对待他人时也会带有偏见，影响孩子的社交能力的正常发展。想要摒弃偏见，父母需要注意以下几点。

其一，多一些耐心，站在孩子的角度去看待问题。

一些父母常常因为孩子达不到自己预期的目标而对孩子产生偏见，他们往往站在自己的角度去考虑问题，觉得事情很简单，忽略了孩子本身的弱小。如果父母能多一些耐心，站在孩子的角度去看待问题可能就会理解孩子的不易，也就不会对孩子产生偏见了。

其二，以自身为榜样。

孩子能力差时容易导致家长对孩子产生偏见，而孩子能力差很可能是家长的教育方式出现了问题。家长在教育孩子的过程中，不能一味地指责孩子，而是要采取正面管教的方式，以自身为榜样，要求孩子做到的事情家长首先做到，以实际行动为孩子指明方向，帮助孩子解决问题。

其三，善于发现孩子的优点。

每个孩子都既有优点又有缺点，作为家长不能只关注孩子的缺点，也要关注孩子的优点，鼓励孩子的进步，这样就能避免对孩子产生偏见。

拒绝语言暴力

“你怎么这么笨，这么简单都做不好！”

“哼，就你也不掂量掂量自己的能力，还参加比赛？别去丢人现眼了。”

“早就不该对你抱什么希望，你果然不行！”

……

诸如此类的谩骂、嘲笑、歧视等语言，都会给孩子精神和心理带来伤害，这些就是语言暴力。语言暴力不像体罚，会给孩子带来身体上的创伤，但是语言暴力像一把无形的利剑，直接插入孩子心口，给孩子带来挥之不去的阴影和长久的伤害，长期处于语言暴力中的孩子可能会变得自卑，对父母失去信任感。那么父母要如何做才能避免语言暴力呢？

首先，父母要改变教育方式，采取鼓励加欣赏的教育方法。每个孩子都有优点，正面的鼓励加欣赏的教育方式就是让家长关注孩子的优点，及时肯定孩子的进步，孩子受到正面的鼓励不仅可以增强自己的自信心，还能激发自己的潜能，内心深处产生努力变得更好的意愿，从而进入教育的良性循环状态。

其次，要尊重孩子。父母要与孩子进行平等的交流和沟通，倾听孩子的心声。父母充分理解孩子，就能更平和地对待孩子，避免对孩子进行语言暴力。

最后，不要带着怒火教育孩子。当父母想要冲孩子发火时，先要给自己一段时间平复情绪，例如，可以先数 10 个数，让自己的怒火得到平息，当自己冷静后再去教育孩子就可以保持心平气和，避免语言暴力。

与养子女、继子女的相处之道

在重组家庭中，父母与养子女和继子女之间需要一段时间的磨合才能从一开始的陌生到彼此之间充满信任。父母要如何与养（继）子女相处，才能打破隔阂，建立和谐的家庭氛围呢？可以尝试以下一些技巧。

首先，父母与孩子之间要保持适当的距离，给孩子自己独立的空间。新组建的家庭中，父母和孩子还没有那么熟悉，孩子可能还存在逆反情绪，这时候如果父母过分热情，可能会让孩子具有心理压力，反而不利于孩子融入新家庭中。此时，父母可以适当地与孩子保持距离，热情对待孩子，给孩子独立的空间，不过分干预孩子，慢慢地孩子自然能够适应、融入新家庭中。

其次，一碗水端平，像对待亲生孩子一样教育和对待养（继）子女。如果亲生孩子与养（继）子女生活在同一家庭中，则更要平等对待，一视同仁，不能因为是养（继）子女，就对其放纵或苛刻。

最后，不要强调自己的付出。父母养育孩子是义务和责任，如果一味地强调自己的付出，只会让孩子更加反感。

【写给父母】

父母在养育孩子的过程中付出了无数努力，可是不正确的方法只会适得其反，孩子可能不仅没有朝着父母预期的方向发展，反而愈行愈远。

父母是孩子的第一任老师，作为父母，要以身作则，为孩子树立一个好榜样。家庭是孩子最重要的成长环境，父母恩爱可以让孩子更有安全感，形成良好的性格。

孩子是独立的个体，作为父母不仅要尊重孩子，还要站在孩子的角度去思考问题，当孩子哭闹、发脾气时要采用正面管教的方法，拒绝偏见和语言暴力，为孩子营造轻松的成长环境，让孩子在爱的滋养下健康、快乐地成长。

参考文献

[1] [奥] 阿尔弗雷德·阿德勒著；田颖萍译 . 儿童的人格教育 [M]. 福州：海峡文艺出版社，2018.

[2] 蔡万刚 . 孩子，你的性格，我在乎 [M]. 北京：中国华侨出版社，2020.

[3] 陈昕 . 注意力！决定孩子一生的关键：亲子实战版 [M]. 北京：电子工业出版社，2012.

[4] 成墨初 . 不打不骂教孩子 60 招：全新增订升级版 [M]. 北京：中国轻工业出版社，2013.

[5] 程秀兰，董爱国，苏晓奇 . 学前儿童发展心理学 [M]. 西安：陕西师范大学出版总社，2018.

[6] 胡锋 . 世上没有懒孩子：让孩子主动学习的 101 个策略 [M]. 北京：中国画报出版社，2010.

[7] 金凤 . 如何学会与孩子高效沟通 [M]. 北京：中国商业出版社，2018.

[8] [德] 老卡尔·威特著；李万祥编译 . 卡尔·威特教育经典 [M]. 北京：当代世界出版社，2017.

[9] 李丹 . 父母这么管，孩子最幸福 [M]. 北京：北京工业大学出版社，. 2013.

[10] 李丹 . 读懂成长的心：解读孩子的异常心理和行为 [M]. 北京：北京工业大学出版社，2013.

[11] 李学军 . 儿童心理学：儿童微表情与微行为心理速查手册 [M]. 北京：中

国国际广播出版社，2017.

[12] 林洪波 . 如何打败孩子的拖延 [M]. 北京：中国华侨出版社，2017.

[13] 刘丽 . 其实你不懂孩子在想什么：儿童各种行为心理模式及教养策略 [M]. 北京：台海出版社，2018.

[14] 刘美芳 . 你其实不懂儿童心理学 [M]. 北京：北京理工大学出版社，2018.

[15] 龙吻 . 世界上最神奇的 30 个教育定律 [M]. 北京：朝华出版社，2012.

[16] 蒙谨 . 正面教养 [M]. 北京：中国友谊出版公司，2020.

[17] 莫源秋，卢奔芳 . 幼儿教育中的心理效应 [M]. 北京：中国轻工业出版社，2017.

[18] 潘月俊，王琴 . 给年轻父母的 100 条建议 [M]. 南京：江苏科学技术出版社，2006.

[19] 庞向前 . 儿童情绪心理学 [M]. 北京：当代世界出版社，2017.

[20] 《培养青少年受益一生的好性格》编写组 . 培养青少年受益一生的好性格 [M]. 广州：广东世界图书出版公司，2010.

[21] 沈家宏 . 原生家庭：影响人一生的心理动力 [M]. 北京：中国人民大学出版社，2018.

[22] 王文静，罗良 . 阅读与儿童发展 [M]. 上海：华东师范大学出版社，2010.

[23] 王占伟 . 跟 55 位名人学家风家教 [M]. 北京：中国纺织出版社，2018.

[24] 文静 . 儿童心理学：破解孩子的语言及行为密码 [M]. 天津：天津人民出版社，2018.

[25] 夏风竹 . 好孩子应该这样教：好家长教出好孩子 [M]. 北京：中国商业出版社，2012.

[26] 薛俊楠，马璐 . 学前儿童发展心理学 [M]. 北京：北京理工大学出版社，2018.

[27] 杨玉芬 . 培养面向未来的孩子 [M]. 徐州：中国矿业大学出版社，2019.

[28] 苑英科 . 心理的认知与改变 [M]. 保定：河北大学出版社，2013.

[29] 张振鹏 . 我家孩子爱学习 [M]. 北京：电子工业出版社，2010.

[30] 赵亚平 . 为什么孩子会撒谎 [M]. 西安：陕西师范大学出版社，2011.

[31] 纪薇 . 家庭养宠对儿童同理心发展的影响 [D]. 南京：南京师范大学，2018.

[32] 乔楠 . 父母婚姻关系对青少年心理发展的影响 [D]. 北京：北京理工大学，2018.

[33] 樊熠 . 浅谈幼儿的家庭教育 [J]. 教育实践与研究，2016（8）：65-67.

[34] 钱文 . 3~6 岁儿童自我意识及其发展 [J]. 幼儿教育，2015（13）：14-16.

[35] 宋莉华 . 亲子关系对孩子健康成长的影响 [J]. 长江丛刊，2019（27）：114+116.

[36] 王金红 . 搭建与青春期孩子沟通的桥梁 [J]. 大众心理学，2020（2）：29-30+23.

[37] 肖晓玛 . 心理营养，孩子成长的阳光 [J]. 基础教育研究，2001（3）：41-42.

[38] 周霞，郑日昌，傅纳 . 儿童对宠物的依恋与社会性发展的关系 [J]. 中国心理卫生杂志，2010（2）：135-138.